PROCÈS

DES

BŒUFS SANS CORNES CONTRE LES BŒUFS A CORNES.

EXTRAIT DES MÉMOIRES DE LA SOCIÉTÉ CENTRALE D'AGRICULTURE
DE FRANCE. — ANNÉES 1868-1869.

PROCÈS

DES

BŒUFS SANS CORNES

CONTRE LES

BŒUFS A CORNES

PAR

M. ARMAND GOUBAUX

professeur d'anatomie et de physiologie à l'École vétérinaire d'Alfort.

PARIS

IMPRIMERIE ET LIBRAIRIE D'AGRICULTURE ET D'HORTICULTURE

DE Mme Ve BOUCHARD-HUZARD,

rue de l'Éperon, 5.

—

1872

A Monsieur Dutrône,

Conseiller honoraire à la Cour impériale d'Amiens.

Monsieur,

Depuis environ vingt ans, je vous ai suivi dans toutes vos tentatives et j'ai applaudi à tous vos efforts pour propager, en France, les animaux sans cornes de l'espèce bovine.

Les rapports dont vos animaux ont été l'objet ont attiré mon attention, et j'ai voulu étudier, par moi-même, après avoir consulté tout ce qui a été publié sur ces animaux, si les avantages qu'on s'est plu à attribuer aux *bœufs sans cornes*, *désarmés* ou *à tête nue*, sont en rapport avec les faits d'observation, ou ne sont pas le résultat d'observations exceptionnelles ou de conclusions *à priori*.

Dans les conférences que j'ai eu l'honneur d'avoir avec vous, monsieur, vous m'avez engagé à entrer dans la voie que j'ai parcourue ; vous m'avez exprimé le désir de connaître les conclusions auxquelles la science pourrait conduire celui qui étudierait la question ; aussi je n'hésite pas à vous adresser aujourd'hui l'ensemble de mes recherches et de mes études relativement aux animaux à tête nue ou désarmés.

J'espère que mes conclusions entraîneront votre conviction.

J'ai l'honneur d'être,

Monsieur,

Votre très-humble et très-obéissant serviteur,

Arm. GOUBAUX.

Alfort, le 12 juin 1866.

Nota. — Ce travail était terminé depuis le 12 juin 1866, et je n'avais plus qu'à le transcrire pour l'adresser à M. Dutrône. J'ai appris, le dimanche 8 juillet 1866, que M. Dutrône était mort la veille !

PROCÈS
DES
BŒUFS SANS CORNES CONTRE LES BŒUFS À CORNES

PAR M. ARM. GOUBAUX,

professeur d'anatomie et de physiologie à l'École vétérinaire d'Alfort, etc.

MÉMOIRE DISTINGUÉ PAR LA SOCIÉTÉ, DANS SA SÉANCE PUBLIQUE DU 29 DÉCEMBRE 1867.

AVERTISSEMENT.

Quelques personnes ne manqueront pas de trouver au moins singulier le titre que nous avons donné à ce travail ; nous nous y attendons.

D'autres que nous auraient pu, après avoir lu tout ce qui a été publié sur le sujet dont nous avons voulu faire l'étude, s'assimiler les opinions des auteurs, ne parler de ces auteurs en aucune façon, et présenter simplement des arguments pour et contre avant de faire connaître leurs opinions personnelles.

Par ce procédé, *on a l'air de faire du nouveau*, sans doute; mais il nous paraît que c'est manquer absolument de déférence envers ses devanciers, et méconnaître tout à fait les services qu'ils ont pu rendre à la science.

Quand nous voulons étudier une question, nous nous donnons la peine de rechercher ce qui a été fait déjà, et nous avons pour principe de ne jamais nous attribuer les travaux des autres. Notre manière d'agir, en ce qui concerne la question que nous étudions dans ce nouveau travail, est encore la même.

Il nous a semblé qu'il s'agissait d'un véritable procès, dans lequel les auteurs venaient, chacun suivant sa conviction et ses observations, déposer pour ou contre les bœufs sans cornes. Il nous a semblé que la reproduction de toutes ces dépositions était la véritable instruction du sujet à étudier. Voilà pour la justification du titre que nous avons adopté.

Cependant nous ne nous sommes pas borné à relever toutes les opinions qui ont été émises : ce relevé aurait pu être curieux, mais il aurait, assurément, été sans utilité. Aussi avons-nous ensuite discuté toutes ces opinions, et avons-nous montré les erreurs d'un côté et les vérités de l'autre. Dans tous les cas, nous avons cherché à motiver nos conclusions ou sur des faits ou sur les données de la physiologie.

Si, à différentes époques, quelques auteurs se sont occupés des bœufs sans cornes, il est certain que jusqu'à présent cette question n'avait pas été traitée d'une manière complète, et il importait qu'elle le fût, afin de montrer si les avantages attribués à ces animaux sont réels ou chimériques.

Un dernier mot, au sujet d'expressions qui sont répétées souvent dans ce travail.

On désigne assez souvent et communément les bœufs sans cornes sous les noms de *bœufs désarmés,* de *bœufs à tête nue;* nous n'avons pas cru devoir employer ces diverses expressions parce qu'elles ne nous paraissent pas justes, et nous avons toujours dit : *les bœufs sans cornes*, quand nous avons voulu caractériser les bœufs dépourvus de cornes frontales.

§ I. — HISTORIQUE.

Si les auteurs les plus anciens ne nous ont transmis aucune indication positive sur les animaux de l'espèce bovine dépourvus de cornes frontales, ils nous ont du moins laissé quelques renseignements qui ne doivent pas être tout à fait négligés lorsqu'il s'agit de tracer l'histoire de ces animaux.

On lit ce qui suit, dans les ***Histoires d'Hérodote*** (traduction nouvelle, avec une introduction et des notes par P. Giguet. Paris, 1866. Voir livre IV, paragraphe XXIX, page 228). « Il me semble que la race des bœufs de ce pays (Scythie) manque de cornes à cause du froid; ce vers d'Homère dans l'*Odyssée* confirme mon opinion :

« La Libye où les agneaux, aussitôt nés, ont des cornes. » (*Odyssée*, chant IV, vers 65.)

« En effet, les cornes poussent vite dans les climats chauds; mais, dans ceux où le froid est rigoureux, elles ne poussent pas du tout, ou elles poussent à peine : c'est là un effet du froid. »

Hippocrate (***De aëre, locis et aquis***, editio Foësii, vol. I, page 291) fait mention de bêtes bovines sans cornes, que l'on rencontre en Europe, dans le pays des Scythes, près de la mer Noire; il en attribue aussi la cause au froid.

Aristote, que l'on s'accorde avec raison à considérer comme le père de l'histoire naturelle, a dit, en parlant de l'*Organisation des cornes frontales*, et après avoir rapporté les effets de la castration sur ces productions chez le Cerf, « que l'on voit, en Phrygie et ailleurs, des *bœufs* qui remuent leurs cornes comme leurs oreilles. » (***Histoire naturelle des animaux***. Traduction de Camus. Paris, 1783. Tome 1er, liv. III, page 141.)

Pline nous fait connaître que dans une contrée de l'Asie, dans la Carie, les bœufs sont d'un aspect hideux, ont une loupe sur les épaules au défaut du cou, et que *leurs cornes sont mobiles*. (*Histoire naturelle des animaux*. Traduction de P. C. B. Guéroult. 1802. Tome 1er, page 403.)

Suivant Walther, cité par Numan, « le gros bétail sans cornes aurait été la race généralement répandue du temps de *Tacite*. » (*Das rindvich in seinem verschiedenen racen und spielarten*; Giessen, 1816.)

Ælien (*De animalium natura*, édition de Conrad Gesner, 1611; voir lib. II, cap. xx) fait les mêmes remarques qu'Aristote : « *Tauris omnibus rigida et minime flexibilia existunt cornua : eamque ob rem cornibus perinde hostem feriunt. Erythræi autem boves mobilia similiter cornua ut aures habent.* Numan, qui a fait une citation d'Ælien, ajoute que Schneider » remarque dans ses *Commentaires sur Ælien* (page 75) que l'on rencontre des bœufs sans cornes non-seulement en Arabie et en Bulgarie, mais encore en Angleterre et en Islande. Ælien n'attribue pas cette imperfection à la rigueur du climat : « *In Mysia, boves onera vehunt et cornibus carent. Dicuntur autem eorum greges sine cornibus esse neutiquam propter frigus, verum ab eorum peculiarem naturam; atque argumentum promptu est; in Scythia enim non carent.* »

Évidemment, ces auteurs ne parlent pas seulement des bœufs dépourvus de cornes frontales; ils indiquent que, dans quelques pays, les bœufs ont les cornes mobiles, simplement adhérentes à la peau, et non pas supportées par une tige osseuse continue à l'os frontal lui-même. Cette particularité des cornes frontales, connue dès la plus haute antiquité, qui existait peut-être à cette époque sur un assez grand nombre d'individus de l'espèce bovine pour qu'on en fît une race, est importante à relever dès à présent. Mais, avant d'aller plus loin, il faut observer que, très-certainement, chez les individus qui avaient ainsi les cornes mobiles, ces productions ne jouissaient pas d'une mobilité comparable à celle des oreilles. La mobilité des oreilles est due à l'action particulière des muscles, tandis que celle des cornes frontales, devenues de simples dépendances de la peau, ne pourrait avoir lieu, en raison de leur poids, que par les oscillations de la tête ou les divers mouvements de cette région.

A une époque beaucoup plus rapprochée de nous, David Law (*histoire naturelle agricole des animaux domestiques de l'Europe*. Traduit de l'anglais. Paris, 1844. Voir : Le bœuf, page 13) dit, en parlant de l'Urus : « Il y a bien peu « de localités maintenant où l'on trouve cette race pure et « sans mélange, comme on la voyait dans le parc des ducs « de Queensberry, à *Drumlaring*, et dans la forêt nommée « *Chace of Çadzow*, chez le duc Hamilton. Depuis quelques « années, le parc de Drumlaring a été lui-même détruit « par ordre du dernier duc Queensbury, mais celui de « Hamilton est entretenu avec soin. Les taureaux ont perdu « l'épaisse crinière décrite par les auteurs anciens, *et les « femelles sont généralement sans cornes ;* mais tous les « autres caractères prouvent incontestablement qu'ils des- « cendent de cette race. »

Ce passage est intéressant en ce qu'il montre que les femelles ont, *naturellement*, perdu leurs cornes frontales, alors que, dans les mêmes conditions, les mâles les ont conservées. Mais arrivons à des faits relatifs à l'espèce bovine elle-même.

L'ouvrage de David Law contient plusieurs passages qu'il est utile de placer ici sous les yeux du lecteur.

Cet auteur dit, en parlant du bœuf (page 16) : « La race « conservée à Ribbesdale est privée de cornes. Cette race « sans cornes se trouve entre Staffort et Lichfield dans un « état complet de domesticité. »

Plus loin (page 44), David Law écrit encore relativement aux bœufs : « Les mâles et les femelles ont des cornes qui « naissent d'un sillon qui sépare l'occiput du front ; ordi- « nairement elles sont relevées vers la pointe, mais quelque- « fois elles sont toutes droites, d'autres fois dirigées en bas,

« *et d'autres fois, enfin, il n'y a que des rudiments chez un* « *des sexes ou chez tous les deux.* »

Plus loin encore (page 52), le même auteur dit en parlant du bœuf indien ou du zébu, qui a les cornes plus droites que le bœuf ordinaire, courtes et dirigées en arrière : « Il n'y a « pas une différence plus grande entre le *zébu nain et sans* « *cornes* de certains districts des Indes, et les races plus « grandes de la même contrée qu'il n'en existe entre le « petit bœuf des montagnes du Berry et les énormes bêtes « des marais du Lancashire. »

Dans un autre passage (page 59), David Law s'exprime ainsi qu'il suit : « Le sillon osseux duquel naissent les « cornes, sur le sommet de la tête, doit être peu élevé, de « manière à faire paraître celles-ci comme légèrement atta- « chées à la tête. La longueur et la grosseur des cornes « varient avec la constitution et la race; *dans quelques races* « *elles n'existent pas;* pour les autres, en général, on doit « désirer qu'elles soient délicates plutôt que grossières et « fortes, parce que des cornes massives sont ordinairement « liées à une grossièreté correspondante dans le système de « la peau. »

Après toutes ces généralités, arrivons à des faits plus spéciaux.

David Law fait remarquer, relativement à la *race sans cornes d'Angus* (page 69), que « l'ancienne race du district « avait des cornes, mais on peut croire qu'elle avait quelque « tendance à s'en débarrasser. » Et, à l'occasion de la *race de Galloway,* il s'exprime ainsi (page 74) :

« Un caractère très-remarquable de cette race est l'ab- « sence de cornes chez le mâle comme chez la femelle. On « dit que l'ancienne race de Galloway, telle qu'elle existait « dans la moitié du dernier siècle, avait des cornes; mais « cela n'est pas parfaitement prouvé, et quelques notes plus « anciennes nous conduisent à penser, au contraire, que « l'absence des cornes a été, pendant une période beaucoup « plus longue, un caractère distinctif de cette race. Cela

« peut être dû aux circonstances physiques du pays qui « produisent ce caractère constitutionnel, ou aux effets du « choix des reproducteurs, ou à une combinaison de ces « causes. Si la tendance constitutionnelle existait, il était « facile aux éleveurs de rendre toute la race sans cornes, « en n'élevant que des animaux qui n'en avaient point. *Quelquefois même, actuellement, les cornes se développent chez « quelques individus, et, comme on regarde cela comme un « signe d'impureté, les éleveurs les coupent. Dans quelques « cas, le développement des cornes est partiel; le noyau osseux manque, la partie cornée existe, et reste comme sus-« pendue à la peau.* »

L'Angleterre possède encore deux races de bœufs sans cornes : *celle de Suffolk ou à tête nue* (David Law, page 77), et *celle à ceinture de Somerset,* dont les individus ont quelfois des cornes, mais le plus souvent sont à tête nue (David Law, page 113).

Dans une publication récente de MM. Moll et Gayot (*Connaissance générale du bœuf*. Paris, 1860), Baudement, à l'occasion des races bovines de l'Angleterre, a donné plusieurs descriptions relatives aux races sans cornes. Ces descriptions reproduisent pour la plupart les extraits, relatés plus haut, de l'ouvrage de David Law. Ainsi, Baudement a écrit :

1° *Relativement à la race d'Angus* (page 361) : « A côté de ces familles dont la tête est pourvue de cornes, et dans les mêmes contrées..., se sont rencontrées, de tout temps, des races sans cornes (1). »

2° Plus loin (page 404), il dit encore, en parlant de la *race blanche des forêts* : « ..... chose remarquable à tous égards, la plupart des femelles ont cessé d'avoir la tête garnie de cornes. Est-ce un signe de dégénérescence? Nous n'hésiterions pas à répondre par l'affirmative. En l'état pri-

(1) L'opinion de Baudement n'est pas en rapport avec celle de David Law sur ce même point.

mitif, l'espèce bovine a besoin de ses appendices, les seules armes défensives qu'elle ait; enfermée dans des parcs où elle n'a plus aucun ennemi à combattre, ces armes lui deviennent inutiles; alors la nature ne prend plus même la peine de les reproduire. Nous avions bien raison de ne pas donner à ces études le titre de Bêtes à cornes; la disparition complète de ces productions est facile à prévoir dans un avenir plus ou moins rapproché, lorsque nulle part on n'attellera plus le bœuf, lorsqu'il n'aura plus qu'une destination unique, la boucherie. »

3° Dans la *race drapée du Somerset* « le cornage n'est pas permanent, il est même plus ordinaire que la tête soit nue (page 410). »

4° Dans la *race de Fifeshire* (page 447) « il y a des individus qui ont des cornes et d'autres qui n'en ont pas. »

5° Dans la *race de Galloway* (page 468) « la tête est dénuée de cornes, même chez le mâle. »

6° Enfin, la *race de Suffolk, à tête nue* (page 468), « n'a pas de cornes frontales. »

Tels sont les renseignements que nous avons pu recueillir dans nos recherches bibliographiques relativement aux animaux sans cornes de l'espèce bovine.

Tous ces renseignements ne seraient qu'un vain et stérile étalage, si les faits principaux et importants qu'ils renferment n'étaient mis en relief immédiatement.

Au point de vue de la zoologie, les animaux de l'espèce bovine sont classés dans les mammifères ordinaires et dans l'ordre des ruminants. Cet ordre a été divisé en deux grandes séries, les ruminants à cornes et les ruminants sans cornes. La première série a été subdivisée en ruminants à cornes creuses et ruminants à cornes pleines. Les animaux de l'espèce bovine appartiennent à la catégorie des ruminants à cornes creuses; leurs cornes frontales sont constituées par des étuis cornés s'emboîtant sur des chevilles osseuses qui leur servent, en quelque sorte et à la fois, de moules et de supports. Suivant les races, les cornes frontales, qui représentent bien évidemment des armes défensives et offensives, ou de défense et d'attaque, sont plus ou moins longues, fortes, volumineuses, contournées, etc., etc.

Aujourd'hui, un bœuf sans cornes peut appartenir à une race déterminée, à la race d'Angus, par exemple ; mais, au point de vue de la zoologie, il ne doit pas être considéré autrement que comme une variété de l'espèce, celle-ci étant, en principe, pourvue de cornes frontales.

On a vu que, à une époque très-reculée, s'il n'existait pas déjà des bœufs sans cornes, du moins il en existait déjà, en Phrygie, en Scythie, etc., dont les cornes étaient mobiles. Plusieurs auteurs nous les ont fait connaîre.

Pline en a fait connaître d'autres ; c'étaient, très-certainement, des zébus, d'après les caractères qu'il en a indiqués (une loupe sur les épaules). Voilà donc un premier fait qu'il ne faut pas perdre de vue :

Dans chacune de ces espèces (celle du bœuf et celle du zébu), les cornes frontales peuvent devenir mobiles ; elles peuvent ne plus faire continuité au crâne, et peut-être étaient-elles, chez les animaux sus-mentionnés, de simples dépendances de la peau. On ne sait rien de positif à cet égard.

De nos jours, ainsi qu'on l'a vu précédemment, dans plusieurs races d'Angleterre, on observe des individus qui présentent les mêmes particularités ; mais, lorsqu'ils sont arrivés à un degré de perfectionnement plus avancé, les cornes frontales disparaissent complétement.

Un des caractères généraux de l'espèce bovine étant de présenter des cornes frontales, la question qu'il s'agit d'examiner maintenant peut être divisée en deux parties principales :

1° Mobilité des cornes ;
2° Disparition des cornes.

1° En ce qui concerne la *mobilité des cornes*, il nous semble qu'on en trouve parfaitement la raison dans le développement imparfait ou incomplet des supports osseux ou chevilles osseuses qui servent de base aux étuis cornés. Numan (*Considérations anatomico-physiologiques sur les cornes frontales de l'espèce bovine.* Traduction française par Verheyen. Voir bibliothèque vétérinaire extraite du *Recueil de médecine vétérinaire,* **1849-1852**, page 74), qui a étudié ce point d'anatomie, fait ainsi connaître ses observations :

« Quand on suit l'évolution des cornes, on remarque, chez le fœtus de six semaines à deux mois, deux points calleux à la peau du sommet de la tête et correspondant à la place que les cornes doivent occuper. En séparant cette portion de peau du crâne, l'on aperçoit qu'elle est plus adhérente à l'os sous-jacent que la partie voisine ; mais l'os encore cartilagineux présente une surface unie, dépourvue de toute trace des supports futurs. Ils ne deviennent pas plus évidents après quelques mois, quoique le point calleux gagne en étendue et en épaisseur. Au moment de la naissance du veau parvenu à terme, l'on sent de légères élévations très-distinctes; l'os commence à proéminer. Malgré l'union plus intime du point calleux de la peau et du périoste, il a conservé sa mobilité qui persiste durant quelques semaines ou jusqu'à l'époque vers laquelle le cornillon est parvenu à la hauteur de 2 à 3 centimètres. Le support, non encore ossifié, partage cette mobilité; l'un et l'autre acquièrent de la fixité, et avec les progrès de l'âge ils semblent devenir parties intégrantes du crâne. »

Numan entre encore dans quelques développements (page 76 du mémoire cité), mais il serait inutile de les reproduire ici; ceux qui viennent d'être exposés suffisent pour démontrer le fait que les chevilles osseuses sont d'abord distinctes du frontal lui-même, qu'elles constituent *d'abord des sortes d'épiphyses*, et que, plus tard, elles se continuent avec le frontal lui-même, sans qu'il soit alors possible de les isoler.

Or, s'il en est ainsi, on peut raisonnablement supposer que, sous l'influence d'une cause quelconque, qui est encore indéterminée, la soudure n'ayant pas lieu entre la cheville osseuse et le frontal, les cornes frontales resteront mobiles, comme Aristote l'a indiqué, comme plusieurs auteurs l'ont vu, et comme nous l'avons vu nous-même sur un taureau de la race créée par M. Dutrône, en Normandie. (Ce taureau était à l'École d'Alfort en 1849.)

On trouve une preuve de la justesse de cette opinion dans le passage suivant, extrait du mémoire de Numan, déjà cité plus haut (note au bas de la page 95) :

« Dans la description que donne M. Héring des collections de l'Ecole de Stuttgart, il mentionne une vache des Indes orientales dont les supports des cornes sont attachés au crâne par du tissu cellulaire. Cette attache était si peu fixe, que les cornes suivaient les mouvements de la tête, comme les oreilles. (*Die kœnigliche würtenbergische Thierarzneischule ;* Stuttgart, 1847, S. 59.) Peut-être que cette bête appartenait à la race dont parle Aristote. Quoi qu'il en soit, le fait de la mobilité des supports confirme l'opinion de M. Numan que cet appendice osseux n'est pas un prolongement du frontal, mais qu'il se forme en dehors et indépendamment des os du crâne. »

Youatt confirme encore ce fait par ses observations. (*The Cattle,* etc., page 282. — Cité en note, à la page 98 du travail de Numan.)

« La plus singulière espèce de cornes, dit Youatt, est celle que l'on voit de temps à autre appendue à la tête de la race sans cornes. Elles ne sont fixées ni au frontal, dont elles ne forment pas par conséquent un prolongement, ni à aucun autre os de la tête ; ces cornes sont un produit de la peau. Nous avons traité la question de savoir si le bétail sans cornes appartient aux races primitivement indigènes, ou bien s'il constitue une variété accidentelle introduite à une époque éloignée. Ces cornes avortées donnent beaucoup de probabilité à la dernière opinion, et il faut les considérer comme un effort isolé de la nature pour revenir, après un laps de temps aussi considérable, à la race originelle. »

Avant de passer à la disparition complète des cornes frontales, il faut encore attirer l'attention sur un fait intermédiaire, celui dans lequel les cornes ne sont plus que de simples dépendances de la peau. Numan cite à cet égard le fait suivant (page 96 du travail cité) :

« Deux veaux nés en 1836, près de Mynsheergenland, dans la Hollande méridionale, et issus de pères et de mères portant des cornes, ne présentèrent, par la suite, que de très-petits appendices frontaux, dépourvus de supports et attachés à la peau. »

En ce qui concerne la *disparition des cornes*, ce serait, à notre avis, un moyen assez singulier de résoudre la question qu'il s'agit d'examiner, si l'on disait, avec Baudoment, que, par cela même que les animaux sont entretenus à l'état de domesticité, la nature ne prend plus même la peine de reproduire les cornes frontales. Nous aimons mieux rechercher quelles sont les causes de cette disparition dans les faits d'observation.

Numan trouve que c'est une preuve évidente de l'influence de la nourriture sur les cornes, et il cite (page 73 de son travail) « le gros bétail de l'Islande, des Orcades septentrionales, du nord du Danemark et de la Suède, qui, entretenu avec du poisson, perd ses cornes et les supports osseux, sans que ces parties se régénèrent. »

Le même auteur, considérant que, de toutes les qualités physiques, il n'en est pas dont l'hérédité soit aussi constante que celles qui se rapportent aux cornes, a voulu connaître, par la voie expérimentale, si la privation artificielle des cornes deviendrait héréditaire. Voici ce qu'on lit dans le mémoire de Numan (page 97) :

« En 1770, au rapport d'Azara (*Reise nach Süd-Amerika*; Berlin, 1820, S. 161), il naquit au Paraguay un taureau sans cornes qui devint la souche d'une race nouvelle ; tous les descendants restèrent privés d'appendices frontaux, quoique les mères en fussent pourvues. Thaër demande si ce n'est pas à une circonstance semblable que les galloways doivent leur origine. Sa question est encore appuyée sur le fait d'un veau dont la corne gauche fut éliminée par suppuration : cet accident devint héréditaire dans la première génération. Les trois descendants de cet animal portaient du côté gauche une petite corne avortée, attachée à la peau.

Sturm (*Ueber Racen und Kreuzungen,* u. s. w.) cite un troupeau entier qui, à la fois, se trouva privé de ses cornes. « Longtemps il se reproduisit dans la consanguinité la plus intime ; le hasard voulut que l'on dût avoir recours à un taureau étranger ; à la première génération, neuf veaux sur dix récupérèrent les appendices frontaux.

« Parmi les descendants des individus appartenant aux races sans cornes, il en est qui portent de petits cornillons imparfaits. (Ælien, comme Aristote, fait mention de ces cornes mobiles.) Ce même phénomène se présente exceptionnellement chez les bêtes bovines dont les parents avaient la tête parfaitement ornée. La cause prochaine réside dans le défaut d'anastomose des vaisseaux des deux couches membraneuses, protectrices de la corne et de la cheville. Il en résulte un arrêt de développement : les éminences du front n'apparaissent pas, le sommet de la tête s'élargit, et les cornillons mobiles et pendants qui se forment sont un produit exclusif de la peau, une extension du point que l'on remarque de bonne heure chez le fœtus.

« Cette union vasculaire peut néanmoins encore se produire plus tard ; Numan cite à l'appui deux bêtes bovines qu'il a connues; leurs cornes pendantes et simples annexes de la peau finirent par se fixer et prendre une direction régulière. »

§ II. — SUITE DE L'HISTORIQUE.

Des bœufs sans cornes, en France.

Il n'y a jamais eu, en France, de races de bœufs sans cornes, que nous sachions. Les recherches bibliographiques auxquelles nous nous sommes livré nous ont conduit à penser que les individus, plus ou moins nombreux, qui y ont existé à différentes époques, avaient toujours été importés. Voici, du reste, les résultats de ces recherches :

1° Gilbert (*Rapport fait à l'assemblée des trois classes de l'Institut national, au nom de celle des sciences physiques et mathématiques, relativement à un établissement d'économie rurale.* — A l'Institut, le 5 nivôse an VI. — Voir page 24) dit ce qui suit : « Les vaches à cornes, saillies par le taureau sans cornes, ont donné des productions dont les unes n'ont point de cornes du tout, et d'autres n'en ont que des rudiments qui même ne tiennent point aux os de la tête, du moins jusqu'à présent.

« Cette expérience est propre à jeter quelque jour sur la question encore si obscure de l'influence du père et de celle de la mère dans la génération. Pour achever de porter la lumière sur cette question, il reste à faire l'expérience du taureau à cornes avec la vache sans cornes (1). »

2° Dans le *Nouveau Dictionnaire d'agriculture*, publié par les membres de la section d'agriculture de l'Institut (Paris, 1809, voir article *Vache*, page 277), Parmentier a dit, en parlant de la *race sans cornes* : « Cette dernière est

(1) Cette expérience se faisait à Sceaux. Nous ignorons si la dernière expérience dont parle Gilbert a été faite ultérieurement.

venue d'Ecosse à Rambouillet, et on la croit originaire de l'Inde. » Plus loin : « Cette race commence à se multiplier aux environs de Paris, parce que tous les ans on vend le produit du troupeau de Rambouillet. »

Les quelques rares individus sans cornes que l'on rencontre aujourd'hui encore dans plusieurs localités sont peut-être des descendants du troupeau qui était entretenu à Rambouillet.

3° De Chaumontel, à peu près à la même époque, a publié un article *Sur les vaches et les taureaux sans cornes :* nous aurons l'occasion d'y revenir. Il est permis de croire que cet auteur parlait des mêmes animaux que Parmentier. (*Correspondance sur la conservation et l'amélioration des animaux domestiques,* par Fromage de Feugée. Tome Ier, 1810, page 111.)

4° Grognier (*Précis d'un cours de multiplication des animaux domestiques;* Paris, 1834, voir p. 76) a dit, à l'article des *Bœufs sans cornes :* « Cette race est répandue en Angleterre, surtout en Ecosse ; on la retrouve en Islande, et on la croit originaire d'Asie. On en introduisit une colonie à la ferme expérimentale de Rambouillet; on la trouva précieuse sous les rapports du travail et du lait; elle se répandit dans les départements voisins; on l'eût, sans doute, partout adoptée, mais elle fut emportée par l'épizootie (typhus contagieux de 1815). » Grognier a écrit encore : « Les produits de cette race unis aux vaches à cornes se sont constamment montrés sans cornes et tout au plus avec de petits cornillons adhérant seulement à la peau et ne tardant pas à tomber. »

5° M. Magne (*Hygiène vétérinaire appliquée;* Paris, 1857, voir t. II, p. 182), en ce qui touche la partie historique de la question dont nous nous occupons actuellement, a répété, ou à peu près, ce qui vient d'être reproduit de l'ouvrage de Grognier. De plus, il a parlé des tentatives de M. Dutrône, sur lesquelles nous allons nous arrêter bientôt; et enfin des observations qu'il a faites sur des bœufs sans cornes, chez M. Didieux, dans le département de la Haute-Marne. Tout cela n'a besoin que d'être mentionné ici.

Quoique toutes ces tentatives de propagation des animaux sans cornes de l'espèce bovine ne se soient pas généralisées en France, nous disons cependant que, il y a quelques années (1850-1851), lorsqu'on fit, à l'École d'Alfort, des expériences sur la contagion de la péripneumonie, il y eut, parmi les animaux achetés par M. Renault dans la forêt d'Orléans, deux vaches qui avaient la tête complétement dépourvue de cornes (1).

6° M. Dutrône, conseiller honoraire à la cour impériale d'Amiens, par des croisements répétés, poursuivis avec persévérance, a voulu doter la France d'une race bovine sans cornes; ses efforts ont été couronnés de succès. Aujourd'hui il cherche, par les moyens les plus honorables, à la répandre de plus en plus, non-seulement en France, mais encore à l'étranger.

Pour créer cette race, M. Dutrône a allié, sur son domaine de Trousseauville-Dives (Calvados), les *taureaux sans cornes* d'Angus et de Suffolk aux *vaches cotentines* : cette race est connue sous le nom de *race cotentine sans cornes* ; elle est dite aussi *race sarlabot*.

Les animaux de M. Dutrône sont aujourd'hui généralement connus ; ils ont fait l'objet de plusieurs articles de journaux et de rapports officiels, dont nous ne ferons ici que l'indication bibliographique, pour faciliter les recherches aux personnes qui auraient besoin de les consulter.

(*a*) *Journal d'agriculture pratique :*

1857. 4e série, t. VII, p. 313.
1858. T. II, p. 48.
1859. T. II, p. 58.
1861. T. Ier, p. 506.
1862. T. Ier, numéro du 5 mars.

(1) Nous avons conservé la tête d'une de ces vaches, et l'avons déposée au cabinet des collections de l'école.

(*b*) *Bulletin de la Société protectrice des animaux.* Mai 1857, p. 10 et 17.

(*c*) *Illustration.* Numéro du 7 mars 1857, p. 150.

(*d*) *Rapport sur Sarlabot Ier, bœuf de la race cotentine sans cornes créée par M. Dutrône.*— Extrait du *Bulletin de la Société impériale d'acclimatation.* Numéro de juin 1858.

(*e*) *Rapport sur un taureau et une génisse de la race cotentine sans cornes dite Sarlabot,* par M. Aug. Duméril. — Extrait du *Bulletin de la Société impériale d'acclimatation.* Novembre 1860.

(*f*) *Notice par M. le marquis de Montcalm sur un taureau et une génisse sans cornes de la race cotentine sans cornes, dite Sarlabot.* (Extrait du *Bulletin de la Société protectrice des animaux,* 1861.)

(*g*) *Nouvelle fête de bienfaisance et propagation des races bovines désarmées ou sans cornes.* (Extrait du *Moniteur belge,* journal officiel (21 et 22 avril, 3 mai et 4 juin 1862.)

(*h*) Extraits du *Courrier de l'Europe.* — *Congrès international de bienfaisance,* session de Londres, 1862. — *Propagation des races bovines désarmées et concours universel d'animaux reproducteurs à Londres,* 1862. — *Les races à cornes et les races désarmées.*

(*i*) Extrait du *Moniteur belge,* 10 octobre 1863. — *Association internationale pour le progrès des sciences sociales.*— *Congrès d'Amsterdam,* 1864.

(*j*) *Race bovine sans cornes. Rapport par M. Bourguin.* — Extrait du *Bulletin de la Société protectrice des animaux.* Séance solennelle du 5 juin 1865.

Ainsi, on peut dire aujourd'hui qu'il existe une race bovine française sans cornes. C'est M. Dutrône qui a créé cette race. Nous ne croyons pas qu'elle soit encore beaucoup répandue, si nous nous en rapportons à la liste des « *éleveurs progressistes* » chez lesquels des taureaux de la race sarlabot ont été mis en station pour la saillie. (*Rapport de M. Bourguin*, 1865, voir p. 4.)

---

§ III. — ANATOMIE.

De la tête des bœufs sans cornes.

Il résulte, pour nous, des nombreuses dissections et observations que nous avons faites, que les différences que présentent, au point de vue de l'anatomie, les races des animaux de l'espèce bovine tiennent uniquement au volume, à la direction, à l'étendue et au développement des diverses régions dont ces animaux se composent. En d'autres termes, les régions, les organes, etc., dans les différentes races, sont toujours ce qu'ils sont dans l'espèce, et ils ne diffèrent, d'une race à une autre que par un volume, une étendue, une direction, un développement plus ou moins considérables.

L'examen comparatif de toutes les régions du corps des animaux d'une race pourvue de cornes frontales à celles des animaux d'une race qui en est dépourvue conduirait à une conclusion qui n'offrirait guère d'intérêt pour notre étude actuelle. Mais la comparaison de la tête des animaux de ces deux races conduit à des résultats intéressants sur lesquels nous devons attirer l'attention.

Deux auteurs se sont occupés de cet examen.

Tessier (*Nouveau cours complet d'agriculture, par les membres de la section d'agriculture de l'Institut;* Paris,

1809, voir article *Bœuf*, t. II, p. 351) a fait une remarque assez juste, en ce qui concerne la configuration du crâne des bœufs sans cornes.

« Le bœuf sans cornes, dit-il, se distingue des autres parce qu'il a, au lieu de cornes, un crâne épais avec une éminence au milieu, peu apparente sur l'animal vivant, mais sensible lorsqu'on examine la tête dépouillée de sa peau et de ses chairs. »

Grognier (*Précis d'un cours de multiplication des principaux animaux domestiques;* Paris, 1834, p. 76), lorsqu'il décrit les divers caractères des bœufs sans cornes, indique les suivants :

« Non-seulement absence complète de cornes, mais encore aplatissement, et même concavité aux lieux où elles s'élèvent dans les autres races; exhaussement au milieu du front; pariétal et crête de l'occipital plus forts. »

Ces caractères anatomiques, en général assez incomplets, ne sont pas tous parfaitement exacts, et il paraîtra au moins singulier que les ouvrages des auteurs sur l'anatomie vétérinaire n'aient, jusqu'à présent, donné absolument aucune indication à l'égard de la conformation toute particulière du frontal chez les animaux de l'espèce bovine qui sont dépourvus de cornes.

Voici ce qui résulte de nos observations :

1° Chez l'animal sans cornes, la partie supérieure de l'os frontal est sensiblement plus étroite, d'un côté à l'autre ou en travers, que chez l'animal qui en est pourvu.

2° Sur le frontal, au lieu d'une ligne transversale arquée, concave dans sa partie moyenne, et dont la concavité regarde en arrière, on constate que, chez l'animal qui est dépourvu de cornes, cet os se relève de bas en haut, d'arrière en avant et de dehors en dedans. Chez ce dernier, le frontal constitue une sorte de saillie prismatique à sommet mousse, dont les côtés sont obliques (à droite et à gauche) et dirigés en avant, et qui, en arrière ou en haut, représente une surface triangulaire dont la base répond, à peu de distance, en avant de la tubérosité cervicale de l'occipital. Cette saillie du frontal change tout à fait l'aspect de la partie antérieure de l'extrémité supérieure de la tête.

3° Enfin, la crête qui limite chacune des fosses temporales, en avant ou du côté interne (suivant la position de la tête), présente une épaisseur qui est partout la même. Cette crête est rugueuse, et forme un angle arrondi au sommet ou tout à fait en arrière. A cet endroit on observe une autre crête, dirigée de haut en bas, de dedans en dehors et d'arrière en avant, qui limite l'extrémité postérieure de la fosse temporale et se continue avec l'apophyse zygomatique du temporal.

Sur la tête pourvue de cornes, la crête dont il vient d'être question est surmontée, au moment où elle se recourbe à la partie postérieure de la fosse temporale, par une saillie conique, plus ou moins volumineuse, longue et contournée, qui est la cheville osseuse, le support de la corne ou le cornillon.

A l'endroit où semble prendre naissance la cheville osseuse, on remarque, chez quelques animaux sans cornes, un rudiment de cette cheville, faisant une légère saillie sur les parties environnantes, et garni de rugosités. C'est ce que nous constatons sur la tête d'un bœuf de la race sarlabot, que nous avons recueillie en 1865.

Telles sont les seules différences que présente le crâne des animaux dépourvus de cornes frontales, comparativement à celui des animaux qui en sont pourvus.

Ce qui vient d'être signalé n'a trait absolument qu'à la conformation extérieure du crâne, et même d'un os du crâne, le frontal, de cet os qui porte les cornes. Il est évident que cet os présente des différences assez remarquables, comparativement à celui des animaux qui en sont dépourvus. Ces différences n'avaient point encore été signalées.

Il est encore d'autres particularités que nous devons examiner en particulier.

L'*épaisseur du frontal* est-elle différente dans les animaux des races que nous comparons?

Deux opinions, diamétralement opposées, ont été produites à cet égard.

D'une part, Tessier, ainsi qu'on l'a vu, page 45, a dit que le *crâne est épais ;* et n'oublions pas qu'il en fait un caractère en quelque sorte distinctif du crâne des animaux sans cornes.

D'autre part, M. Leblanc (*Rapport sur Sarlabot Ier*, voir page 17), après avoir fait connaître le poids de deux têtes, l'une d'un bœuf sans cornes (Sarlabot Ier), et l'autre d'un bœuf limousin, a dit : « Cette différence (de poids du maxillaire supérieur et du crâne) provient du grand développement. en *largeur et en épaisseur,* de l'os frontal ; le front, support des cornes (armes destinées à vaincre, *dans l'état sauvage,* de grandes résistances), étant nécessairement formé d'une lourde masse osseuse. »

Ainsi, M. Leblanc reporte sur les animaux à cornes ce que Tessier fait appartenir aux animaux sans cornes : la grande épaisseur du frontal.

M. Magne (voir *Rapport sur Sarlabot II,* in *Race bovine sans cornes des Sarlabots*, par MM. Barral et Dutrône, page 4) partage l'opinion de M. Leblanc.

Numan (mémoire cité, page 102), *à priori,* paraît mieux fondé dans son opinion, car il a dit : « Si les cornes sont lourdes, volumineuses, la masse osseuse du frontal devra être proportionnée et le poids de la tête réclamera une plus grande dépense de force musculaire, le tout aux dépens des parties utiles. » Numan, en effet, a parlé du poids de l'os frontal en entier, mais il n'a pas dit que l'épaisseur fût sensiblement différente dans le frontal des deux races que nous comparons.

Il est possible de résoudre définitivement cette question, et le moyen en est simple ; il suffit, pour y parvenir, de mesurer quelle est l'épaisseur du frontal. Nous avons voulu donner les résultats de cette mensuration faite sur deux têtes qui ont de l'importance dans l'étude des animaux sans cornes. A cet effet, nous avons pris la tête de Sarlabot II et celle du bœuf salers, qui avaient servi de point de comparaison pour les différentes pesées du rendement (voir le Rapport de M. Magne); nous avons scié chacune de ces têtes longitudinalement, et nous les avons mesurées à l'aide d'un compas d'épaisseur. Voici les chiffres qui ont été obtenus dans ces recherches :

INDICATION DES ENDROITS où les mesures ont été prises.	ÉPAISSEUR DU FRONTAL.	
	Sarlabot II.	Salers.
Bord inférieur du frontal.	0m,002	0m,004
En regard de la crête ethmoïdale. .	0m,0035	0m,003
Au niveau du chignon.	0m,005	0m,005
A la partie moyenne de l'extrémité postérieure de la tête (pariétal). .	0m,0015	0m,003

Nota. Ces mesures sont prises à 0m,006 de la ligne médiane.

L'épaisseur de la table interne des os qui forment la paroi antérieure du crâne est la même dans les deux têtes.

Ensuite, pour comparer plus complétement les deux têtes sous le rapport de l'épaisseur du frontal, puisque la tête de Salers avait eu les chevilles osseuses amputées, nous avons fait une coupe correspondante sur la tête sans cornes.

Voici les résultats de ces mensurations :

INDICATION DES ENDROITS où les mesures ont été prises.	ÉPAISSEUR DU FRONTAL.	
	Sarlabot II.	Salers.
En arrière.	0m,006	0m,012
Au milieu ou en haut.	0m,004	0m,01
En avant.	0m,002	0m,009

La solution définitive de la question que nous venons d'étudier, et sur laquelle des opinions contradictoires ont été émises, est donc que :

Si l'épaisseur du frontal, dans les points rapprochés de la ligne médiane, n'est pas très-différente, elle est beaucoup plus considérable sur chacune des parties latérales dans la tête pourvue de cornes que dans la tête qui en est dépourvue. C'est à cause de cela qu'il y a une différence assez considérable dans le poids de ces deux têtes.

Nous voici arrivé à examiner le poids de la tête des bœufs à cornes, comparativement à celle des animaux qui en sont dépourvus.

Nous avons eu l'occasion, en 1858 et en 1862, de faire la préparation du squelette de la tête de deux animaux de la race sarlabot créée par M. Dutrône. Des pesées, qui ont été faites comparativement à celles de têtes cornées, ont fourni des résultats intéressants qui ont été publiés dans des rapports officiels. Depuis les époques sus-indiquées, nous avons encore eu l'occasion de recueillir la tête d'un bœuf sarlabot, qui fut sacrifié pour la boucherie, à l'abattoir de Grenelle, le 3 avril 1865. Nous en avons fait aussi la préparation.

On trouvera, dans le tableau suivant, le poids de la tête de ces divers animaux :

ANNÉES.	RACES.	POIDS VIF de l'animal.	POIDS de la mâchoire inférieure.	POIDS du crâne et de la mâchoire supérieure.	POIDS des cornes.	POIDS des cornillons ou chevilles osseuses.	POIDS TOTAL de la tête.
		Kilog.	Kilog.	Kilog.	Kilog.	Kilog.	Kilog.
1858 (1)	Sarlabot Ier	1.005.00	2.370	4.300	»	»	6.670
Id.	Limousin	»	2.310	5.030	2.150	1.538	11.028
1862 (2)	Sarlabot II	800.00	2.026	3.182	»	»	5.202
Id.	Salers	»	1.790	3.875	1.270	0.570	7.505
1865	Sarlabot	900.00	2.216	3.921	»	»	6.137

(1) Extrait du *Rapport sur Sarlabot Ier*, bœuf de la race cotentine sans cornes, créée par M. Dutrône. (*Bulletin de la Société impériale d'acclimatation*, numéro de juin 1858. — Rapport de M. Leblanc.

(2) Extrait du *Journal d'agriculture pratique*, numéro du 5 mars 1862. — *Race bovine sans cornes des Sarlabots*, par MM. Barral et Dutrône.

Les conclusions à tirer des chiffres contenus dans ce tableau sont les suivantes.

1° La tête des bœufs sans cornes est moins pesante que celle des animaux qui en sont pourvus.

2° Le crâne et la mâchoire supérieure des animaux pourvus de cornes sont plus pesants que les mêmes parties chez les animaux qui sont dépourvus de cornes.

3° L'augmentation du poids du crâne et de la mâchoire supérieure, chez les animaux pourvus de cornes, relativement aux animaux qui en sont dépourvus, est due surtout aux cornes et à leurs supports ou à leurs chevilles osseuses;

4° La mâchoire inférieure est plus pesante chez les animaux sans cornes que chez les animaux qui en sont pourvus.

Ces quatre conclusions sont très-logiques; elles reposent sur les faits.

Au lieu de s'être bornés à constater les faits dont il vient d'être question, les auteurs des rapports sur les animaux abattus en 1858 et en 1862 se sont livrés à des interprétations que nous ne pouvons laisser passer sans observation.

Dans une brochure ayant pour titre *Race bovine sans cornes des Sarlabots*, par MM. Barral et Dutrône, 1862, nous lisons, à la page 4 :

« Pour démontrer que les bœufs de M. Dutrône ont, *quant à l'ossature,* un avantage incontestable sur les *races à cornes*, nous rapporterons les poids de deux têtes de bœufs, dont l'un était à tête nue et l'autre était pourvu de cornes. »

Or, les chiffres des pesées ne prouvent nullement que les bœufs de M. Dutrône aient, *quant à l'ossature,* un avantage incontestable sur les *races à cornes.* Les chiffres des pesées prouvent seulement une différence de poids dans l'ossature des deux têtes. Pour aller au delà, il aurait au moins fallu connaître le poids vif (1) des animaux; il aurait fallu que les animaux eussent le même poids vif, etc., etc. On a eu le tort de conclure d'un fait particulier à un fait général.

Nous ne nous arrêterons pas davantage sur ces interprétations; celle dans laquelle on a voulu encore établir un rapport du poids de la tête avec le rendement en viande ne nous paraît pas plus fondée que la première, et pour les mêmes raisons que nous avons indiquées plus haut.

En l'état actuel des choses, il faut se contenter des conclusions que nous avons tirées des chiffres du tableau inscrit plus haut, et attendre de nouvelles recherches qui pourront résulter de plusieurs examens comparatifs, qui restent encore à faire, des animaux sans cornes et des animaux qui en sont pourvus.

§ IV.

Des avantages attribués aux bœufs sans cornes.

Plusieurs avantages principaux ont été attribués aux animaux sans cornes, relativement aux animaux à cornes; il importe de les examiner chacun en particulier, dans le but de reconnaître si ces avantages sont réels ou s'ils ne sont point chimériques.

(1) Il est regrettable qu'on ait négligé plusieurs détails importants qui auraient pu fournir des éléments plus complets de comparaison. Ainsi, on n'a fait connaître ni l'âge, ni le poids vif des animaux pourvus de cornes que l'on compare à ceux de la race sarlabot.

Ces avantages sont les suivants :

1° Les animaux sans cornes ont un caractère doux, et sont même d'une extrême douceur, relativement à ceux qui sont pourvus de cornes.

2° Les vaches sans cornes mettent bas plus facilement que celles qui en sont pourvues.

3° Les cornes frontales étant inutiles lorsque les animaux sont tenus en domesticité, elles entraînent « *la dérivation d'une partie des sucs nutritifs qui, au lieu de contribuer à l'augmentation de la chair et de la graisse, donnent un produit de moindre valeur.* »

A. *Douceur de caractère des animaux sans cornes.*

Quelques auteurs ont fait remarquer que les animaux sans cornes de l'espèce bovine sont remarquables par la douceur de leur caractère. Avant de faire connaître nos réflexions et nos conclusions, voyons ce qui a été dit à cet égard :

1° Gilbert (rapport cité, voir p. 24) reconnaît à « la race sans cornes un avantage très-précieux, celui de pouvoir paître promiscuement avec des juments pleines et des poulains, sans aucun danger pour eux. »

2° Parmentier (*Nouveau dictionnaire d'agriculture*, etc., 1809, article *Vache*, p. 277), répète à peu près mot à mot ce qu'a dit Gilbert, et ajoute que la race sans cornes a une « grande douceur. »

3° De Chaumontel (*loco citato*, 1810), après avoir établi, comme Gilbert et Parmentier, que les animaux sans cornes sont sans danger dans les pâturages, tandis que les animaux à cornes tuent les autres animaux ou les déchirent, écorchent les arbres, détruisent les haies et se font entre eux des blessures trop souvent mortelles, dit ce qui suit :

« Pour décrier cette race (sans cornes), on a dit que les taureaux étaient méchants et beaucoup plus dangereux que les autres. Il est vrai qu'il y en a de méchants ; mais la faute en est à ceux qui les élèvent. Le taureau de cette race est naturellement bon et sans défense : ses coups de tête sont dangereux, surtout s'il les donne à un individu placé contre un mur ou un arbre, ou contre tout autre corps résistant ; mais il ne peut déchirer, ni arracher avec ses cornes les intestins de l'homme et les porter comme en triomphe. Les taureaux sans cornes sont doux ou méchants, relativement à l'éducation qu'on leur donne ; j'en ai vu un très-beau, chez un de mes voisins, qui était conduit aux champs avec les vaches par un vacher et un chien ; ce conducteur se donnait de temps à autre le cruel spectacle de faire battre son chien avec le taureau : il l'a irrité au point qu'il ne pouvait plus voir d'homme ni de chien, sans qu'il n'attaquât l'un et l'autre. Son maître, ayant un très-beau chien *bouledogue*, qui ne le quittait point, fut un jour assailli dans son appartement, au rez-de-chaussée, par ce taureau furieux qui lui aurait fait un mauvais parti si son chien ne l'en eût débarrassé. Enfin on a été obligé de le tenir constamment à l'étable, et même de lui faire subir la castration pour pouvoir en tirer parti. Il est devenu très-beau et très-bon bœuf; il a été vendu très-avantageusement pour la boucherie.

« J'ai chez moi, à Créteil, dans ce moment, un taureau sans cornes, de deux ans et demi, qui, à l'âge d'un an, était devenu très-méchant et inabordable, parce que je lui avais ôté plusieurs grosses tiques implantées dans la nuque, partie qui lui était sensible au point qu'on ne pouvait plus l'attacher. Je le mis seul, en liberté, dans une partie de l'étable, séparé des vaches par un petit mur à hauteur d'appui ; là je lui parlais, je le caressais, je lui donnais des pommes de terre, et j'en ai fait ce que j'ai voulu. Enfin je lui ai mis un licol et je l'ai attaché à côté des vaches : il va tous les jours avec elles boire à la rivière, et il est très-doux, parce qu'on ne le maltraite point. »

4° Grognier (*cité plus haut*), en faisant l'énumération des caractères distinctifs de la race sans cornes, fait remarquer qu'elle a « une grande douceur, soit au pâturage, soit à l'étable; et néanmoins beaucoup de force et de courage, SE BATTANT AVEC LE POITRAIL PLUTÔT QU'AVEC LA TÊTE. »

5° Baudement (ouvrage cité de Moll et Gayot, *race d'Angus*, voir p. 379) dit que « l'extrême douceur de caractère et la docilité des angus sont vantées par tous les éleveurs ; grâce à l'absence des cornes, les animaux ont besoin de moins d'espace dans les strawyards et ne sont pas exposés à être blessés par leurs voisins. »

6° Le rédacteur du *Moniteur des comices* (1er avril 1857, p. 289) pense que « si le bœuf sans cornes peut, d'un coup de tête, donner la mort, malheur qui peut être aussi le résultat d'un coup de poing, il resterait toujours, entre le danger inhérent à un coup de tête de *bœuf à cornes* et le coup de tête d'un *bœuf sans cornes*, la différence du danger existant entre un coup de poignard et un coup de poing. »

Cette comparaison a fait fortune ; on l'a reproduite dans beaucoup d'endroits.

7° Enfin M. Magne (*Rapport sur Sarlabot*, etc., 1857, p. 7) a examiné aussi cette question, et il a écrit ce qui suit :

« Les yeux crevés, les éventrations, souvent mortelles, accidents causés fréquemment par les bêtes à cornes, tantôt en se défendant, tantôt en attaquant, quelquefois en jouant ou en cherchant à se débarrasser des mouches, ne sont plus à craindre pour l'homme avec la race bovine *sans cornes*.

« Ce n'est pas seulement pour l'homme que les bêtes bovines à tête nue sont moins dangereuses, c'est aussi pour les autres animaux. Certes, un taureau sans cornes peut, d'un coup de tête, faire beaucoup de mal à un animal qui est dans l'impossibilité de fuir, qui est pressé contre une muraille, par exemple; mais, en pareille circonstance, les coups donnés par un animal à cornes, de même force, ne seraient-ils pas encore plus dangereux ? Heureusement ces cas sont rares. Le plus souvent, quand les animaux luttent entre eux, ils sont libres dans des chemins, des cours ou des herbages; l'un peut fuir l'autre et en éviter les coups.

« Dans ces circonstances, le coup de tête d'un taureau sans cornes ne peut avoir des conséquences bien nuisibles, tandis qu'un coup de corne donné contre les côtes, les parois du ventre, même à un animal qui fuit, peut produire des éventrations, des hernies. Les bêtes bovines à tête nue, vivant dans les herbages avec d'autre bétail, avec des juments et des poulains, ne causeraient certainement pas autant d'avortements et d'autres accidents que le fait notre bétail ordinaire. »

Ces citations, qui pourraient encore être augmentées en nombre, sont donc unanimes : les unes pour vanter la douceur et même l'extrême douceur des animaux de l'espèce bovine non pourvus de cornes, et les autres pour établir la différence de gravité des coups que peuvent donner les animaux à *tête nue ou désarmée* et ceux à *tête armée.*

Que les blessures faites par les animaux sans cornes soient moins dangereuses que celles faites par les animaux qui sont pourvus de ces armes défensives et offensives, parce qu'elles ne peuvent être pénétrantes, c'est un fait sur lequel il ne saurait, très-certainement, y avoir le moindre doute, et c'est là seulement ce qu'il faut admettre. En effet, la tête du bœuf, qu'elle soit celle d'un animal pourvu de cornes frontales, ou celle d'un animal sans cornes, est dans tous les cas, sans aucune exception, disposée de la manière la plus favorable pour l'attaque comme pour la défense. L'énorme développement des sinus frontaux chez l'animal adulte donne aux os du crâne une somme de résistance qu'ils n'auraient pas eue sans cela, car l'air atmosphérique qui est contenu dans l'intérieur de ces sinus ajoute, par son élasticité, et dans une très-grande proportion, à la résistance propre du tissu osseux ou de l'os lui-même.

D'après ce qui précède, on peut conclure *à priori*, et l'on sera certainement dans le vrai, que les bœufs sans cornes ont absolument les mêmes instincts que ceux qui en sont pourvus, c'est-à-dire qu'ils attaquent les animaux et s'en défendent absolument de la même manière. Mais, pour entraîner définitivement la conviction du lecteur, nous voulons citer un fait dont nous avons été témoin, ainsi que l'élève Mestraud, qui nous accompagnait à l'abattoir du Roule, dans les quelques jours qui suivirent le *concours international des animaux de boucherie*, à Poissy, en 1860.

Nous examinions les animaux dans l'une des bouveries de l'abattoir, et nous venions d'arriver derrière deux magnifiques bœufs : l'un était de la race d'Angus (race sans cornes), et l'autre de la race charollaise. Le premier était attaché à gauche du second. Tout à coup, le bœuf d'Angus porta un violent coup de tête au défaut de l'épaule gauche de son voisin.

Le même jour, quelques heures plus tard, nous vîmes sacrifier le bœuf charollais : il avait un énorme épanchement sanguin dans le tissu cellulaire situé entre la face interne de l'épaule et la face correspondante de la poitrine.

Ce fait prouve, à lui seul, ce que nous avons avancé ; aussi nous ne pouvons que sourire quand nous revient en mémoire l'assertion de Grognier, à savoir que « *les bœufs sans cornes se battent avec le poitrail plutôt qu'avec la tête.* »

En résumé, on peut donc dire, en général, que

1° Ce serait une erreur de croire que les animaux sans

cornes ont une douceur, et même une extrême douceur qu'on ne trouve pas chez les animaux qui sont pourvus de cornes ;

2° Dans les uns (sans cornes) et dans les autres (ceux qui ont des cornes), il en est de doux et il en est de méchants ;

3° Les coups de tête portés par les animaux sans cornes sont moins dangereux que ceux qui sont portés par les animaux qui sont pourvus de cornes, mais seulement en ce sens que les premiers ne peuvent faire de blessures pénétrantes.

B. *Les vaches sans cornes mettent-elles bas plus facilement que celles qui sont pourvues de cornes?*

L'examen de cette question offre un assez grand intérêt, car, si le fait énoncé est démontré par les observations, il est certain que les éleveurs retireront de grands avantages de la propagation des animaux sans cornes. Mais voyons d'abord ce qui a été dit à cet égard :

1° M. Leblanc (*Rapport sur Sarlabot Ier*, voir page 10), considérant que, dans la propagation des races, tout ce qui concerne la parturition offre le plus grand intérêt, s'exprime ainsi : « Le vêlage chez les races à *tête nue* s'effectue dans de meilleures conditions que dans les races à cornes; car, bien qu'en naissant les veaux de cette dernière race n'aient aucun embryon de cornes, cependant l'os frontal présente, à sa région latérale et supérieure, plus de développement que chez les veaux de race à *tête nue*, ce qui augmente la fréquence et les risques des parts laborieux. Dans la race *sans cornes*, l'os frontal est allongé à sa partie supérieure, ce qui favorise la délivrance. »

2° M. le marquis de Montcalm (*Notice sur un taureau et*

une génisse de la race cotentine sans cornes dite sarlabot, Gand, 1861 ; voir page 6) mentionne aussi en faveur des animaux sans cornes, et en particulier de la race sarlabot, « une beaucoup plus grande facilité pour le vêlage des vaches. MM. Leblanc, Magne, nos collègues, dit-il, ont démontré, dans deux lumineux rapports, que la race sans cornes est plus favorable que les autres à la conservation et à la reproduction de l'espèce bovine, par la grande diminution des dangers que cause le part (1). »

Ce fait, ainsi que nous l'avons déjà dit, qui serait très-important pour les éleveurs, s'il était démontré vrai, avait besoin de preuves pour qu'on l'acceptât, mais on ne lui en a donné aucune : c'est une simple assertion, par conséquent.

La base principale sur laquelle on a voulu l'appuyer est inexacte. En effet, on ne voit pas que « l'os frontal est allongé à sa partie supérieure, ce qui favorise la délivrance. » Et cette disposition se fît-elle remarquer chez les animaux sans cornes, que nous sommes convaincu qu'elle n'aurait pas l'importance qu'on a bien voulu gratuitement lui attribuer.

Ce n'est pas la conformation du frontal à son extrémité supérieure qui pourrait avoir de l'influence sur le plus ou moins de facilité de la mise bas, car ce n'est pas cette partie du frontal qui donne à la tête le plus ou moins de développement qu'elle peut présenter dans son diamètre transversal; nous en trouvons la preuve sur les têtes elles-mêmes : *le plus grand diamètre transversal de la tête est au niveau des orbites, chez tous les fœtus.*

Par cette simple observation, nous sommes dispensé d'en-

(1) « C'est aussi l'opinion que M. Husson, professeur à l'École royale vétérinaire de Bruxelles, a consignée dans un compte rendu de l'abattage d'un bœuf de la race sarlabot dite Trousseauville ; compte rendu dont on trouve un extrait dans le rapport fait à M. le bourgmestre de Gand, Ch. de Kerchove, à l'occasion du bœuf gras Sarlabot III. » — (*Note additionnelle.*)

trer dans des développements plus étendus relativement à la question qui fait l'objet de ce paragraphe.

Quoi qu'il en soit, Henry Cline nous paraît avoir dit avec beaucoup de raison : « *Une tête petite favorise la mise bas. Sa petitesse a d'autres avantages, et dénote généralement un animal de bonne race.* » (*Traité sur la forme des animaux*, inséré dans l'ouvrage intitulé : *De la race bovine courte-corne améliorée dite race de Durham*, par M. G. Lefèvre Sainte-Marie. Paris, **1849**. Voir page 327.)

Cette assertion nous paraît très-juste, nous le répétons ; elle nous paraît reposer sur les faits d'observation ; elle s'applique indistinctement à tous les animaux (*à cornes ou sans cornes*), et nous persistons à croire que c'est à tort, et bien à tort, qu'on a avancé sans preuve que les vaches sans cornes mettent bas plus facilement que celles qui en sont pourvues.

C. *Les cornes frontales sont inutiles, et elles coûtent très-cher à produire.*

Après les deux prétendus avantages qui viennent d'être étudiés, celui de la douceur et celui de mettre bas plus facilement que les vaches à cornes, il faut rechercher s'il est vrai que, chez les animaux à cornes, une partie considérable de la nourriture journalière est employée à former des parties de nulle valeur ou d'une valeur non en rapport avec les dépenses que la formation des cornes frontales exige.

Comme nous l'avons fait dans les paragraphes précédents, à l'égard des autres avantages attribués aux animaux sans cornes sur les animaux à cornes, nous allons faire le procès des cornes frontales. L'instruction ne relève que des témoins à charge dont voici les dépositions :

1° Henry Cline (*De la race courte-corne améliorée dite race de Durham*, etc., par M. G. Lefèvre Sainte-Marie, **1849**. Voir page 327, *Traité sur la forme des animaux*) paraît être un des premiers qui se soient élevés contre les cornes de nos animaux domestiques. Voici ce qu'il a dit :

« Les cornes sont inutiles aux animaux et occasionnent de fréquents accidents. Les éleveurs de bétail à cornes et de moutons à cornes éprouvent, à cet égard, des pertes plus étendues qu'ils ne se l'imaginent : les cornes et le développement des os du crâne, celui des ligaments et des muscles du cou, nécessaires à leur soutien, n'ajoutent aucune valeur aux animaux et augmentent le déchet que les bouchers ne payent pas. »

Plus loin, il a dit encore : « Sans doute, aux yeux de tous ceux qui n'ont pas réfléchi sur ce sujet, ce sera un objet de peu de conséquence que leur bétail ou leurs moutons soient ou non cornés ; si cependant ils se livraient au plus simple calcul, ils trouveraient, dans la production des cornes et de leurs appendices, *une cause de perte très-considérable* sur le rendement général de leurs bestiaux et sur la valeur intrinsèque de leur nourriture. Ainsi, un mode d'élevage qui s'opposerait à la production des cornes, et rien n'est plus facile, augmenterait beaucoup celle de la viande, de la laine et d'autres parties de valeur. »

2° Parmi les principaux inconvénients des cornes, M. Barral a cité le suivant : « la dérivation d'une partie des sucs nutritifs qui, au lieu de contribuer à l'augmentation de la chair et de la graisse, donnent un produit de moindre valeur. » (*Journal d'agriculture pratique* du 5 avril 1857.)

3° Baudement s'est inspiré des mêmes idées que Henry Cline (voir ouvrage cité de MM. Moll et Gayot, page 449), car il a dit que « dans une race exclusivement élevée pour la boucherie, ces appendices (les cornes) sont inutiles ; ils ne valent pas à la vente la quantité de nourriture employée par l'économie à les produire. »

Ces dépositions entraînent la condamnation des cornes frontales. Quoi qu'il en soit, il nous paraît utile d'instruire de nouveau leur procès.

Nous considérons les citations qu'on vient de lire comme

de simples assertions : elles peuvent être vraies, mais elles ne sont accompagnées d'aucune preuve qui en démontre le fondement. La science ne saurait les admettre aujourd'hui dans les conditions où elles ont été présentées.

La question qu'il s'agit maintenant d'étudier doit être divisée, car elle est complexe. Il faut rechercher ce que coûtent à produire les cornes frontales, et l'influence que ces cornes peuvent avoir sur le rendement en viande nette de l'animal.

1° *Prix de revient des cornes frontales.*

Plusieurs auteurs ont résolu cette question *à priori,* et nous avons vu que leur décision absolue ne repose sur aucune base, sur aucune preuve. Est-ce qu'ils n'auraient pas dû en fournir? Est-on donc obligé aujourd'hui, en matière scientifique, de croire sur parole? Tout le monde sera de notre avis à cet égard, car il ne nous paraît pas impossible d'arriver à la solution du problème.

Il fallait d'abord trouver les éléments indispensables à la recherche de cette solution ; ces éléments sont les suivants :

(*a*). Poids des cornes frontales.

(*b*). Analyse chimique des cornes frontales.

(*c*). Ration journalière d'un animal pourvu de cornes frontales.

(*d*). Analyse chimique des aliments composant cette ration.

(*e*). Analyse des déjections de l'animal.

Tous ces renseignements, ainsi qu'on peut bien le penser, n'étaient pas placés à côté les uns des autres; nous avons dû, pour les réunir, nous livrer à des recherches bibliographiques nombreuses, et bien des fois sans résultat utile, mais nous ne regrettons pas le temps que nous y avons employé.

(*a*). *Poids des cornes frontales.* — Nous avions entre les mains, depuis quelques années, le poids des cornes frontales de deux bœufs qui ont servi de terme de comparaison pour le rendement en viande des animaux de la race créée par M. Dutrône.

L'un, bœuf limousin, qui, en 1858, a été comparé, relativement au rendement, à Sarlabot Ier, avait :

Des cornes qui pesaient 2 kilogr. 150 gr.,
Et des chevilles osseuses qui pesaient 1 kilog. 538 gr.

L'autre, bœuf salers, qui, en 1862, a été comparé, sous le même rapport que le précédent, à Sarlabot II, avait :

Des cornes qui pesaient 1 kilog. 270 gr.,
Et des chevilles osseuses qui pesaient 570 grammes.

Nous avons choisi le premier de ces animaux comme sujet de nos recherches, parce que c'est celui qui avait les cornes les plus volumineuses et les plus pesantes.

(*b*). *Analyse chimique des cornes frontales.* — L'ouvrage de MM. Pelouze et Frémy nous a fourni les tableaux suivants pour l'analyse chimique élémentaire de la corne.

(b) *Analyse chimique des cornes frontales.*

	Corne de vache.	Corne de vache.	Ongles.	Corne de buffle.
Carbone. . . .	50.80	50,94	51.089	51.400
Hydrogène. . .	6.77	6.65	6.824	6.779
Azote.	16.30	16.30	16.901	17.284
Oxygène. . . .	23.48	23.48	25.186	24.397
Soufre.	2.65	2.65		
	100.00	100.02	100.000	99.760
	(Tilanus.)	(Tilanus.)	(M. Scheerer.)	(M. Scheerer.)

	Corne de bœuf.	Sabot de cheval.	Sabot de vache.	Sabot de vache.
Carbonate. . . .	51.6	50.4	50.4	49.3
Hydrogène. . .	6.8	7.0	6.8	6.2
Azote.	17.1	16.7	16.8	17.4
Oxygène. . . .	19,5	22.5	22.6	27.1
Soufre.	5.0	3.4	3.4	
	(M. Mulder.)	(M. Mulder.)	(M. Mulder.)	(M. Frémy.)

De ces diverses analyses élémentaires des cornes frontales de l'espèce bovine, il n'y avait que l'embarras du choix; nous nous sommes servi, à tout hasard, de la première des deux qu'a faites Tilanus.

(*c* et *d*). ***Ration journalière d'un animal pourvu de cornes, et analyse chimique des aliments composant cette ration.*** — Nous avons trouvé, dans un tableau inséré dans l'*Economie rurale* de M. Boussingault (2e éd., tome II, page 382)., tous les documents qu'il nous importait de posséder touchant ces deux points.

La ration journalière (24 heures) d'une vache se composait de 15 kilog. de Pommes de terre, représentant, à l'état sec, 4k,170, et de 7k,500 de regain de foin, représentant, à l'état sec, 6k,315.

	POMMES DE TERRE à l'état sec pour 4k.170.	REGAIN DE FOIN à l'état sec pour 6k.315.	ENSEMBLE.
Carbone.	1k.839	2k.974	4k.813
Hydrogène.. . .	242	354	596
Oxygène.	1.831	2.204	4.035
Azote.	50	152	202
Sels et terre.. .	208	632	840

(e) *Analyse des produits rendus, dans l'espace de vingt-quatre heures, par le même animal dont la ration journalière vient d'être indiquée dans le tableau précédent.*

	CARBONE.	HYDROGÈNE	OXYGÈNE.	AZOTE.	SELS et terre.
Excréments.	1k.712	0k.208	1k.508	0k.92	0k.480
Urine. . . .	261	25	254	37	384
Lait.	628	99	321	46	55
Totaux. .	3k.601	332	2k.083	0k.175	920(1)

(1) Évidemment il y a là une légère erreur; l'addition devrait avoir pour total 919.

Nota. Il s'agit d'une vache dans ce tableau. Pour un bœuf, en conservant les données de cette analyse, et en ne considérant que la quantité d'azote, il y aurait donc eu seulement **129** grammes éliminés au lieu de **175** grammes, puisqu'il y en a eu **46** grammes éliminés par le lait.

SOLUTION DE LA QUESTION POSÉE.

Le poids des cornes frontales dont nous voulons connaître le prix de revient étant de **2k,150**, il s'agit de savoir d'abord quelle est leur composition chimique, en nous servant, comme base des calculs, de la première des analyses faites par *Tilänus*.

Les opérations à effectuer sont les suivantes :

Carbone	: 2k,150 : :	50,80	: 100	(1)
Hydrogène	: 2,150 : :	6,77	: 100	
Azote	: 2,150 : :	16,30	: 100	
Oxygène	: 2,150 : :	23,48	: 100	
Soufre	: 2,150 : :	2,65	: 100	

Voici les résultats des calculs :

2k,150 de cornes frontales sont composés de :

Carbone.................	1k,092.20
Hydrogène..............	145.55
Azote....................	350.45
Oxygène................	504.82
Soufre..................	56.98
Total.............	2k,150.00

On n'a pas fait connaître l'âge de ce bœuf limousin (page 263). On peut supposer, sans crainte de s'éloigner beaucoup de la vérité, que cet animal avait environ huit ans.

---

(1) $\frac{2^k,150 \times 50,80}{100} = 1^k.092.20$. La même opération est à faire pour les suivants.

C'est à cet âge que beaucoup d'animaux de l'espèce bovine sont abattus pour la consommation.

Or, si, d'un côté, l'on divise ce poids de 2k,150 de cornes frontales, produit de huit années, pour savoir à peu près le poids qui s'en est formé dans chacune des années, on voit que les cornes frontales se sont accrues annuellement d'une quantité égale à 268g,65.

D'un autre côté, le calcul, d'après cette donnée, fournira les résultats suivants, en ce qui concerne l'analyse chimique, de ce poids des cornes frontales pour chaque année :

	Gr.
Carbone	136.53
Hydrogène	18.19
Azote	43.81
Oxygène	63.10
Soufre	7.12
Total	268.75

Puisque nous connaissons l'analyse chimique des cornes frontales pour la quantité qui a pu se former dans l'espace de chaque année, nous pourrions, en continuant le même raisonnement, connaître aussi, par le calcul, la quantité de ces cornes qui a dû se former en un jour, mais il n'est pas nécessaire de pousser les calculs jusqu'à ce point. On pourra même considérer comme superflu le résultat que nous venons d'inscrire pour une année, surtout après ce qui va suivre.

Calculons maintenant quel peut être le prix de revient des cornes frontales. On peut arriver à la solution du problème en se basant sur les analyses chimiques des aliments et sur la valeur commerciale de ces aliments.

Combien faudra-t-il de regain de foin et de Pommes de terre pour fournir les éléments chimiques qui entrent dans la composition des cornes frontales?

Lorsque cette quantité de regain de foin et de Pommes

de terre sera connue, nous saurons facilement quelle en est la valeur commerciale et, par conséquent, quel est le prix de revient des cornes frontales. Dans tous ces calculs, nous supposons toujours qu'il s'agit des cornes frontales du bœuf limousin dont nous avons parlé plus haut, et dont le poids était de 2k,150.

Comme pour constituer les cornes il faut assez de tous les éléments constitutifs, prenons deux journées de nourriture, telle qu'elle a été indiquée dans le tableau cité plus haut (page 265). Pour deux journées, la quantité de nourriture serait donc de 30 kilog. de Pommes de terre à l'état frais, et de 15 kilog. de regain de foin. Mettons en regard les résultats des analyses chimiques :

Éléments chimiques.	Nourriture. Kil.	Cornes frontales. Kil.
Carbone................	9.626	1.092
Hydrogène.............	1.192	0.146
Oxygène................	8.070	0.505
Azote....................	0.404	0.350
Sels et terre.............	1.680	»
Soufre..................	»	0.57

Nota. Les 57 grammes de soufre seront certainement fournis par les sulfates contenus dans les 1,680 grammes de cendres de la nourriture; les 404 grammes d'azote sont probablement nécessaires pour produire les 350 grammes d'azote qui composent les cornes frontales et les parties de celles-ci qui ont été détruites par l'usure, etc., dans l'espace de huit ans; l'excédant du carbone sert à la respiration, etc., etc.; l'excédant d'hydrogène et d'oxygène sert à former de l'eau, de l'acide carbonique, etc.

Ainsi, des cornes frontales, qui ont mis huit années à se former, *usure comprise,* ont employé, *au maximum,* deux journées de nourriture, c'est-à-dire 30 kilog. de Pommes de terre et 15 kilog. de regain de foin.

Ces résultats nous étonnent, nous ne nous attendions nullement à les rencontrer : en les considérant, beaucoup de personnes éprouveront le même étonnement que nous-même.

Si, au lieu de conclusion, *à priori,* on s'était donné la peine, bien légère assurément, d'examiner les faits dans leurs relations, ainsi que nous venons de le faire, aurait-on dit et répété : « *Les cornes frontales coûtent très-cher à produire, et elles sont sans utilité?* »

Mais, s'il en était ainsi, pourquoi ne s'attacherait-on donc pas à obtenir la disparition des cornes des sabots, des cornes des onglons, des poils, comme on recherche celle des cornes frontales? Ces différentes productions ont, en effet, au point de vue de l'analyse chimique qualitative, la même composition que les cornes frontales. Une sage économie, une dépense utile des matériaux alimentaires, exigerait tout aussi bien la suppression de celles-ci que de celles-là. Mais non, on ne va pas jusque-là; toute l'attention s'arrête à vouloir supprimer les cornes aux animaux (bœufs, moutons, chèvres) qui en ont été pourvus par la nature.

La raison qu'on a fait valoir pour pousser les éleveurs à la suppression des cornes frontales n'est pas sérieuse; elle ne supporte pas l'examen lorsque celui-ci est fait au point de vue de la science et sans opinion préconçue.

Ainsi que nous l'avons démontré plus haut, à l'aide des analyses empruntées à M. Boussingault, il y a, dans la ration de deux jours d'une vache, plus de matériaux qu'il n'en faut pour former des cornes frontales, dont le poids représente un travail de développement qui s'est accompli dans l'espace de huit années environ.

Tout ce qui précède n'a trait encore qu'à une seule partie de la question dont nous recherchons la solution. Quel est le prix de revient des cornes frontales? Jusqu'à présent nous ne nous sommes occupé que de la partie cornée, mais il y a encore les os ou les chevilles osseuses qui leur servent de support.

Or, chez le bœuf limousin qui nous a fourni les cornes, dont nous avons comparé la composition chimique à celle des aliments formant la ration de deux jours, les chevilles osseuses, les supports des cornes ou les cornillons, pesaient 1k,538. Voyons donc à faire les mêmes opérations pour connaître aussi leur prix de revient.

Berzélius a fait connaître, pour les os du bœuf (sans distinction), le rapport des matières organiques aux matières inorganiques. (*Economie rurale,* par M. Boussingault, tome II, page 439.)

Suivant Berzélius, il y a dans les os du bœuf :

Matières organiques	33.0
Matières inorganiques	67.0
Total	100.0

D'après les données de cette analyse, les chevilles osseuses dont nous nous occupons, et qui pèsent 1k,538, contiennent donc :

	Kilog.
Matières organiques	507.54
Matières inorganiques	1.030.46
Total	1.538.00

Si nous faisions les mêmes calculs que nous avons faits précédemment, en nous servant, comme base, de la ration journalière composée de 15 kilog. de Pommes de terre et de 7k,500 de regain de foin, et 60 kilog. d'eau donnée en boisson, nous trouverions que les chevilles osseuses, les supports des cornes ou les cornillons, n'ont pas coûté plus cher à produire que les étuis cornés ou les cornes auxquelles ils servent de support.

Il est possible de résoudre plus complétement ou plus rigoureusement la question, car les calculs exposés jusqu'à présent ne font connaître que d'une manière approximative, qui ne s'éloigne certainement pas beaucoup de la vérité, d'une part le prix de revient des cornes frontales et, d'autre part, celui de leurs supports, comparativement à la quantité de nourriture nécessaire à leur formation. Voici notre dernier mot à cet égard :

Il faut deux rations et un dixième de ration pour trouver tous les éléments chimiques nécessaires à la formation des cornes frontales et à leurs supports.

Pour le prouver, mettons en regard, dans un tableau, les éléments chimiques de la nourriture et ceux des cornes frontales (étuis cornés et supports).

Éléments chimiques.	Contenus dans deux rations et un dixième de nourriture.	Contenus dans les étuis cornés et leurs supports osseux.
Carbone..........	10.107.3	1.259.44
Hydrogène........	1.251.6	0.165.63
Oxygène..........	8.473.5	0.587.58
Azote.............	0.424.2	0.420.47
Sels et terre.......	1.764.0	»
Soufre et eau (1)...	»	1.254.88

Or, cette dépense, peu élevée, qui se répartit sur huit années, est-elle à prendre en sérieuse considération au point de vue de l'économie rurale? Nous ne le pensons pas, et nous croyons qu'il faut désormais laisser de côté cette prétendue question économique du prix de revient des cornes frontales, et ne plus s'en occuper (2).

---

(1) Suivant les auteurs et les analyses que notre collègue, M. Clément, chef de service de chimie à l'École impériale vétérinaire d'Alfort, a faites sur notre demande, la corne contient 7, 8 ou 9 pour 100 d'eau. Il fallait déduire cette quantité d'eau dans les calculs. On a supposé 8 pour 100 d'eau, et on en a fait la déduction.

(2) Nous avons fait prendre des renseignements relativement au prix commercial des cornes frontales de l'espèce bovine. Il résulte d'une lettre

Si l'on considère maintenant l'analyse des produits rendus par le même animal (vache) dans le même espace de temps (48 *heures*) [voir tableau (*e*)], et si l'on soustrait les quantités qui sont éliminées par les excréments, les urines et le lait de celles qui ont été introduites dans l'économie par les matières alimentaires, on trouve qu'il en reste dans l'économie les quantités suivantes :

	ÉLÉMENTS CHIMIQUES		
	entrés dans l'économie.	sortis de l'économie.	restant dans l'économie.
	Kilog.	Kilog.	Kilog.
Carbone.	9.626	5.602	4.024
Hydrogène.	1.192	0.664	0.528
Oxygène.	8.070	4.166	3.904
Azote.	0.404	0,350	0.054
Sels et terre.	1.680	1.840	»

En résumé, à part les sels qui ont été éliminés de l'économie en plus grande quantité que celle qui y avait été introduite (1), il est évident, pour toutes les autres matières élémentaires, qu'il en est éliminé une plus grande quantité

---

que nous avons sous les yeux et qui est signée de M. T. Ferry, courtier de commerce près la Bourse de Paris, que, à la date du 28 avril 1866 : « les cornes frontales des bœufs se vendaient 27 à 26 francs les 110 cornes, payement comptant sans escompte : conditions d'usage sur place. » Ainsi la paire se vend 0,47 à 0,49 centimes.

(1) Cette conclusion ne serait pas rigoureusement exacte, car, dans les 48 heures, l'animal a reçu 120 kilog. d'eau pour boisson. Cette eau a pu fournir tous les sels nécessaires.

que celle qui reste dans l'économie pour divers usages (entretien, accroissement des organes, etc.).

Il importe de faire remarquer encore ici que, dans les analyses de M. Boussingault que nous venons de reproduire (en doublant les quantités, puisqu'au lieu de 24 heures nous les avons prises pour 48 heures), il s'agit d'une vache qui, par son lait, éliminait 46 grammes d'azote par 24 heures, ou 92 grammes en 48 heures. Chez un bœuf, cette élimination n'aurait pas eu lieu, et, par conséquent, au lieu de 350 gr. qui représentent la quantité d'azote éliminée en 48 heures, il n'y en aurait eu que 258 grammes, et il en serait resté dans l'économie 156 grammes au lieu de 54.

Comment se fait-il que des économistes n'aient pas cherché à s'opposer à ces pertes (1)? L'utilisation de ces éléments perdus ne devait-elle pas aussi bien fixer leur attention que la perte qu'ils prétendent que les cornes frontales font éprouver à leurs intérêts?

2° *Influence des cornes frontales sur le rendement en viande nette.*

Quel rapport y a-t-il entre la quantité de nourriture nécessaire à la formation des cornes frontales (*étuis cornés et supports osseux*) et celle de la chair musculaire qui aurait dû être formée par cette même quantité de nourriture? En d'autres termes, si les aliments, au lieu de former des cornes frontales, avaient formé de la chair musculaire, quelle eût été la quantité de cette chair musculaire? Ou, en d'autres termes encore, à quelle quantité de chair musculaire correspondent 3^{k},688 de cornes frontales (*étuis cornés et supports osseux*)?

---

(1) Si ce sont des pertes relativement à l'économie animale, il ne faut pas oublier que tous ces éléments chimiques ne sont pas perdus, puisqu'ils se retrouvent dans les fumiers.

Le problème est assez compliqué ; cherchons d'abord les éléments de sa solution.

Analyse chimique de la chair musculaire du bœuf, par Braconnot :

Fibre charnue, vaisseaux, nerfs, tissu cellulaire, etc., réduits en colle (gélatine) par la cuisson..........	18.18
Albumine soluble et fibrine........................	2.70
Graisse et sels divers............................	2.09
Eau..	77.03
Total........	100.00

Cette analyse ne répond pas du tout à nos vues, mais par le calcul nous pourrons arriver à posséder ce qu'il nous importe de connaître (1).

Deux choses sont à chercher d'abord : 1° la composition élémentaire de la gélatine, et 2° la composition élémentaire de la fibrine et de l'albumine. Nous verrons ensuite quelle est la composition élémentaire de la chair musculaire.

1° *Composition élémentaire de la gélatine* :

	pour 100 :	pour 18.18 :
Carbone..................	50.17	9.12
Hydrogène................	6.25	1.14
Azote....................	19.32	3.51
Oxygène..................	24.26	4.41
	100.00	18.18

(1) Nous avons fait de très-nombreuses recherches bibliographiques, et nous n'avons trouvé nulle part une analyse élémentaire de la chair musculaire du bœuf.

2° Composition élémentaire de la fibrine et de l'albumine.

	CARBONE.	HYDROGÈNE.	AZOTE.	OXYGÈNE.
Fibrine.	62,78	6,96	16,78	13,48
Albumine.	53,49	7,27	15,72	23,52
	116,27	14,23	32,50	37,00
Moyenne.	58,14	7,11	16,25	18,50
Pour 2,70.	1,57	0,19	0,44	0,50
Gélatine (1). . . .	9,12	1,14	3,51	4,41
Ensemble.	10,69	1,33	3,95	4,91

(1) Voir le tableau plus haut.

3° Composition élémentaire de la chair musculaire du bœuf :

Carbone.	10.69
Hydrogène.	1.33
Azote.	3.95
Oxygène.	4.91
Graisse et sels.	2.09
Eau.	77.03
Total.	100.00

En nous servant de ces chiffres pour établir les rapports que nous cherchons : celui des cornes frontales (étuis cornés et supports osseux), relativement à celui de la chair musculaire, nous arrivons au résultat que nous exposons dans le tableau suivant :

	Cornes frontales :		Chair musculaire :
	Kil.		Kil.
Carbone............	1.259.44		1.138.49
Hydrogène..........	165.63		141.65
Oxygène............	587.58		522.91
Azote..............	420.47		420.67
Soufre, sels, eau, etc..	1.254.88	Graisse.	8.426.28
Total........	3.688.00		10.650.00

Ainsi, les calculs permettent d'établir les rapports suivants :

3k,688 *représentant le poids des étuis cornés et des supports osseux des cornes frontales correspondent, en équivalents chimiques, à* 10k,650 *de chair musculaire.*

Ce serait tirer une conclusion bien fausse du rapport qui vient d'être établi, si l'on pensait, toutes choses étant égales d'ailleurs, que le bœuf sans cornes devrait donner **10k,650** de chair musculaire de plus qu'un bœuf, de même poids vif, qui serait pourvu de cornes frontales. Et ce serait une conclusion non moins fausse que d'admettre, sans tenir compte de la perfection des formes, que le rendement en viande nette doive être plus élevé chez les bœufs sans cornes que chez les bœufs pourvus de cornes.

Cependant, *à priori*, c'est ce qu'on a paru vouloir démontrer à plusieurs reprises, car, chaque fois ou à peu près chaque fois qu'un des animaux de la race créée par M. Dutrône (*race cotentine sans cornes ou sarlabot*) a été abattu pour la consommation, on a examiné le rendement de cet animal comparativement à celui d'animaux pourvus de cornes.

Que les animaux de la race créée par M. Dutrône soient d'une qualité supérieure, certes nous sommes loin de vouloir en disconvenir. Il nous paraît certain que la race cotentine ne pouvait pas dégénérer par son croisement avec la race d'Angus, et qu'elle devait même se perfectionner dans ses formes. Tout nous porte donc à admettre que, pour cette raison de la perfection des formes, la race *sarlabot* doit, au point de vue du rendement en viande nette, l'emporter sur les animaux d'une moins belle conformation. Et en cela, nous confirmons, comme nous l'avons fait ailleurs pour les animaux de l'espèce ovine (1), cette vérité émise par M. Lefèvre Sainte-Marie, à savoir que le rendement est d'autant plus élevé que la conformation est plus perfectionnée en vue de la boucherie. Cela revient à dire que de deux animaux de même âge et de même poids vif, mais de race différente, *qui donnent la même quantité de viande nette*, chez l'un la quantité de viande peut être plus considérable que chez l'autre, parce que chez le premier les os sont moins volumineux et moins pesants que chez le second, et parce que les muscles sont plus volumineux et plus pesants chez l'un que chez l'autre. On sait, en effet, que, au point de vue anatomique, les races sont essentiellement et seulement caractérisées par des différences de volume, de longueur, de direction, etc., des diverses régions du corps.

Tout cela se conçoit facilement, et il ne serait pas impossible d'en donner une démonstration complète, mais nous croyons que cette démonstration est encore à faire.

Dans notre mémoire sur le rendement en viande nette des animaux de l'espèce ovine, nous avons exprimé nos désirs à cet égard. Nous ne répéterons pas ici ce que nous avons dit, mais nous ferons remarquer cependant qu'on paraît avoir compris la nécessité de faire mieux les comptes rendus du rendement des animaux de boucherie qu'on n'avait l'habitude de les faire autrefois. Nous sommes fondé à

(1) Arm. Goubaux. *Études sur les animaux de boucherie.* Troisième mémoire. *Recherches sur le rendement en viande nette, dans l'espèce ovine.* Ce travail a été couronné par la Société impériale et centrale d'agriculture, en 1857.

faire faire cette remarque, car, dans les dernières années de sa vie, Baudement, chargé de la mission d'étudier les rendements après les concours de Poissy, avait commencé à faire exécuter des coupes des animaux, à peser les morceaux, et à rechercher par des pesées si la chair et les os de ces morceaux étaient en plus grande proportion dans certaines races que dans d'autres. C'est lorsqu'ils seront faits exclusivement d'après ce système que les comptes rendus officiels des rendements seront véritablement utiles pour les éleveurs. Ne nous étendons pas davantage sur ce sujet; revenons donc à celui qu'il nous importe d'examiner en ce moment relativement au rendement des animaux cotentins sans cornes.

Il est utile de mettre sous les yeux du lecteur tous les documents qui ont été publiés; seulement nous procéderons autrement qu'on l'a fait. Nous exposerons, dans un premier tableau, tout ce qui a trait à la race sarlabot, et ensuite, dans un second tableau, tout ce qui a trait aux bœufs pourvus de cornes. Il sera plus facile, ainsi, de comparer les chiffres des rendements qu'en mélangeant tous les animaux qui ont été examinés sous ce rapport.

ANIMAUX DE LA RACE COTENTINE SANS CORNES.

Années.	DÉSIGNATION des animaux.	POIDS VIF.	POIDS des 4 quartiers.	POIDS du suif.	POIDS du cuir.	POIDS des pieds et patins.	OBSERVATIONS.
		Kilog.	Kilog.	Kilog.	Kilog.	Kilog.	
1857	Sarlabot Ier. .	1.005	634.000	91.000	59.000	12.500	Rapport de M. Leblanc.
	Pour 100 de poids vif...	»	63.084	9.054	5.870	1.243	
»	Génisse (3 ans et 6 mois)..	555.000	347.000	32.000	32.000	et issues 144.000	M. de Metz, à la colonie de Mettray.
	Pour 100 de poids vif...	»	62.540	5.765	5.765	24.324	
1858	Sarlabot II...	880.000	566.000	87.000	47.000	10.000	Rapport de M. Magne.
	Pour 100 de poids vif...	»	64.318	9.886	5.340	1.136	
1860	Sarlabot III...	909.000	558.000	98.000	50.000	»	A Gand (Belgique).
	Pour 100 de poids vif...	»	61.386	10.781	9.5	»	

Animaux de races variées dont le rendement a été comparé à celui des cotentins sans cornes.

Années.	DÉSIGNATION des animaux.	POIDS VIF	POIDS des 4 quartiers.	POIDS du suif.	POIDS du cuir.	POIDS des pieds et patins.	OBSERVATIONS.
1857	Bœuf gras, n° 1.	Kilog. 1.160	Kilog. 716.000	Kilog. 112.00	Kilog. 78.00	Kilog. 16.00	Bœufs du carnaval de 1857. Ils ont été comparés à Sarlabot Ier.
	Pour 100 de poids vif.....	»	61.724	9.655	6.724	1.379	
1857	Bœuf gras, n° 2.	1.135	715.000	81.00	73.00	18.00	
	Pour 100 de poids vif.....	»	62.995	7.136	6.431	1.585	
1857	Bœuf gras, n° 3.	1.120	695.000	101.00	66.00	15.00	
	Pour 100 de poids vif.....	»	61.964	9.017	5.892	1.339	
1857	Bœuf, n° 105.	860.00	530.000	60.00	57.00	12.00	Ce bœuf et le suivant, du concours de Poissy, ont été comparés à Sarlabot Ier.
	Pour 100 de poids vif.....	»	61.627	6.976	6.627	1.395	
1857	Bœuf n° 107. .	868.000	568.000	63.00	58.00	12.00	
	Pour 100 de poids vif.....	»	64.285	7.258	6.680	1.382	
1858	Dalila.......	965.000	620.000	103.00	59.00	11.00	Bœufs du carnaval de 1858. Ils ont été comparés à Sarlabot II.
	Pour 100 de poids vif.	»	64.248	10.673	6.113	1.139	
1858	Léviathan....	1.340.00	865.000	114.00	80.00	15.00	
	Pour 100 de poids vif. ...	»	64.552	9.099	5.970	1.119	
1858	Turlututu....	1.290.00	827.000	118.00	76.00	18.00	
	Pour 100 de poids vif.....	»	64.108	9.147	5.801	1.395	

Animaux de races variées dont le rendement a été comparé à celui des cotentins sans cornes. (Suite.)

Années.	DÉSIGNATION des animaux.	POIDS VIF.	POIDS des 4 quartiers.	POIDS du suif.	POIDS du cuir.	POIDS des pieds et patins.	OBSERVATIONS.
		Kilog.	Kilog.	Kilog.	Kilog.	Kilog.	
1858	1er prix, n° 15.	930.00	587.00	100.00	54.00	12.00	Concours de Poissy; bœufs de la 1re région, 2e catégorie. Ils ont été comparés à Sarlabot II.
	Pour 100 de poids vif.....	»	62.118	10.753	5.806	1.300	
1858	2e prix, n° 14.	935.00	581.00	86.00	63.00	12.00	
	Pour 100 de poids vif.....	»	63.139	9.197	6.738	1.300	
1858	3e prix, n° 16.	940.00	565.00	77.00	51.00	12.00	
	Pour 100 de poids vif.....	»	60.106	8.191	5.426	1.300	
1860	1er croisé durham.........	775.00	498.00	79.00	46.00	»	Bœufs du concours de bestiaux gras, à Gand, 1860. Ils ont été comparés à Sarlabot III.
	Pour 100 de poids vif.....	»	64.258	10.193	5.903	»	
1860	Flamand....	884.00	568.00	89.50	42.00	»	
	Pour 100 de poids vif.....	»	64.253	10.124	4.751	»	
1860	2e croisé durham.........	778.00	502.00	74.00	43.00	»	
	Pour 100 de poids vif.....	»	64.524	9.511	5.526	»	
1860	3e croisé durham.........	992.00	666.00	97.00	60.00	»	
	Pour 100 de poids vif.....	»	66.008	9.778	6.048	»	

Animaux de races variées dont le rendement a été comparé à celui des cotentins sans cornes. (Suite.)

Années.	DÉSIGNATION des animaux.	POIDS VIF.	POIDS des 4 quartiers.	POIDS du suif.	POIDS du cuir.	POIDS des pieds et patins.	OBSERVATIONS.
1860	Hollandais...	Kilog. 736.00	Kilog. 477.00	Kilog. 67.00	Kilog. 39.00	Kilog. »	
	Pour 100 de poids vif.....	»	64.808	9.103	5.298	»	
1860	4e croisé durham.........	1.066.00	710.00	72.00	51.00	»	
	Pour 100 de poids vif......	»	66.604	6.754	4.784	»	

Il ne nous paraît pas nécessaire de faire remarquer tout ce qui ressort de la comparaison des chiffres contenus dans les deux tableaux précédents : on pourra facilement en faire toutes les déductions.

Quoi qu'il en soit, nous ne pouvons laisser passer la conclusion que nous trouvons inscrite dans une brochure intitulée *Race bovine sans cornes des sarlabots*, par MM. Barral et Dutrône (extrait *du Journal d'agriculture pratique*, numéro du 5 mars 1862). On lit, à la page 5 de cette brochure :

« *On le voit, Sarlabot II, non primé, a eu, comme Sarlabot Ier, et encore plus que lui, l'*INSOLENCE *d'être supérieur à ses concurrents primés.* »

Négligeons ce qui a trait à Sarlabot III, parce qu'il a été comparé à des animaux appartenant à des races qui s'éloignent de la sienne propre, et ne voyons que ce qui a trait à Sarlabot Ier et à Sarlabot II qui, sans doute, ont été comparés surtout à des bœufs cotentins, puisque ces animaux avaient été choisis pour les fêtes du carnaval.

Nous voulons bien admettre la supériorité des bœufs de la

race sarlabot sur les bœufs auxquels on les a comparés, mais est-ce que cette supériorité doit être attribuée exclusivement à ce qu'ils sont dépourvus de cornes frontales ? Si l'on répondait par l'affirmative à cette question, on prêterait à rire, car la supériorité du rendement ne peut être attribuée qu'à un très-grand perfectionnement des formes en vue de la boucherie, et nullement à aucune autre cause, si ce n'est encore au degré plus ou moins élevé de l'engraissement.

Mais c'en est assez; n'allons pas plus loin dans ces explications relatives au rendement des animaux de la race créée par M. Dutrône, et terminons en démontrant que les animaux de cette race ont encore besoin de se perfectionner pour égaler l'un de leurs deux facteurs : la race d'Angus.

Voici, en effet, le RENDEMENT DE SIX BOEUFS DE LA RACE D'ANGUS donné par M. Baudement, dans le *compte rendu des opérations des concours et du rendement des animaux primés*, publié par ordre de Son Excellence le ministre de l'agriculture, du commerce et des travaux publics (année 1857, voir page 277).

AGE DES BOEUFS.	POIDS ABSOLUS.					
	POIDS VIF.	POIDS NET.	POIDS DU SUIF.	POIDS DU CUIR.	POIDS des issues et du sang.	POIDS des intestins, fèces, déchets.
	Kilog.	Kilog.	Kilog.	Kilog.	Kilog.	Kilog.
3 ans 1 mois.	825	542	70	51	68	94
3 ans 1 mois.	880	590	83	51	70	86
3 ans 9 mois 15 jours.	700	498	43	40	60	59
4 ans 3 mois.	1,015	685	101	52	60	117
4 ans 4 mois.	1,040	666	110	55	76	133
4 ans 8 mois.	1,210	875	105	51	75	104
Moyennes.	945	642.667	85.333	50	68.187	98,833
	POIDS RELATIFS.					
3 ans 1 mois.	100	65.697	8.485	6.182	8.242	11.394
3 ans 1 mois.	100	67.045	9.432	5.795	7.955	9.773
3 ans 9 mois 15 jours.	100	71.143	6.143	5.714	8.571	8.429
4 ans 3 mois.	100	67.488	9.951	5.123	5.911	11.527
4 ans 4 mois.	100	64.038	10.577	5.289	7.308	12.788
4 ans 8 mois.	100	72.314	8.678	4.215	6.198	8.595
Moyennes.	100	68.007	9.029	5.291	7.214	10.459

Nous ne dirons rien des qualités de la chair, attendu que nous avons été à même de nous convaincre, bien des fois, après les concours de Poissy, que l'inspection des cadavres de races variées, dans les échaudoirs de l'abattoir du Roule, étonnait souvent les bouchers, soit en bien, soit en mal.

En dernière analyse, et d'une manière générale :

Les bœufs sans cornes n'ont pas absolument la supériorité de rendement qu'on a bien voulu leur attribuer sur les bœufs qui sont pourvus de cornes frontales.

Il y aurait bien, pour terminer ce travail et le rendre, par cela même, aussi complet que possible, à étudier deux points en particulier, *la lactation et le travail,* mais nous n'en traiterons que d'une manière très-sommaire.

1° *Lactation.*

Les cornes frontales n'ont et ne peuvent avoir aucune influence particulière sur l'activité fonctionnelle des organes sécréteurs du lait. L'observation a fait reconnaître que certaines de nos races bovines sont remarquables par l'abondante sécrétion de leurs mamelles, mais il n'en est pas moins vrai que dans ces races on constate aussi des différences individuelles très-notables. De ce qu'on voit, de temps en temps, des vaches qui donnent jusqu'à 40 litres de lait par jour, on ne peut pas conclure que tous les individus femelles composant la race à laquelle ces animaux appartiennent en donneraient la même quantité. Du reste, il est tellement facile, par le croisement du taureau sans cornes avec les vaches à cornes, d'obtenir des descendants sans cornes, qu'on doit comprendre que, si l'activité de la sécrétion mammaire est plus grande chez la fille qu'elle n'était chez la mère, cette activité ne pourra être attribuée qu'à une particularité individuelle, et nullement à l'influence de la suppression des cornes frontales.

Nous ne saurions partager l'opinion émise par un savant vétérinaire belge, M. Verheyen, qui a dit, en parlant des vaches de la race sarlabot, à peu près ce qu'avait émis Pline relativement aux chèvres sans cornes : « . . . . . à en juger par l'influence que les appendices cornés exercent sur la lactation, il n'est pas douteux que les qualités lactifères ne l'emportent également sur celles des races cornées (1). »

Le même auteur a cité des observations de Numan qui ne nous paraissent pas du tout concluantes.

2° *Travail.*

En ce qui concerne le travail, M. Magne a porté son attention sur les différents modes d'attelage des animaux de l'espèce bovine, et il a conclu, après avoir montré les avantages et les inconvénients de chacun d'eux, qu'il y avait tout avantage à atteler les bœufs avec un collier (2).

Il y aurait avantage, très-certainement, à atteler les bœufs de cette manière, et pour le propriétaire, parce que l'animal produirait le plus grand effet utile de sa force musculaire, et pour l'animal qui serait beaucoup plus libre dans tous ses mouvements.

Le bœuf sans cornes pourrait encore être attelé avec un joug placé en avant du garrot; mais il est évident qu'il ne pourrait pas l'être comme le bœuf pourvu de cornes, avec un joug placé à la base des cornes, soit sur le front, soit sur la nuque.

C'est là, quoi qu'on en dise, un désavantage très-grand que le bœuf sans cornes présente, relativement à celui qui en est pourvu. Le peu d'élévation de son prix fera conserver ce mode d'attelage encore longtemps, sinon toujours, car il y aura toujours, — nous voudrions pouvoir dire le contraire, — des propriétaires de bœufs qui, non pas à cause de la routine dans laquelle ils demeurent et demeureront, ne pourront mettre le prix à un harnais (le collier), qui a cer-

---

(1) Verheyen. *Bulletin de la Société protectrice des animaux.* Avril 1864. Voir pages 140 et 141.

(2) M. Magne. *Rapport sur Sarlabot.* Extrait du *Bulletin de la Société protectrice des animaux.* 1857. Voir § II, page 8.

tainement des avantages, mais qui a l'inconvénient de coûter cher.

Tessier a dit avec raison que, *par l'attelage au joug, le bourrelier n'a rien à faire dans la ferme.* C'est une raison économique qui s'opposera peut-être toujours à l'adoption du collier dans certaines localités, et c'est encore cette raison qui, dans les mêmes localités, ferait repousser les bœufs sans cornes, alors même que ces animaux présenteraient tous les avantages qu'on leur a attribués !

CONCLUSIONS.

1° Chez tous les animaux de l'espèce bovine, la tête est disposée tout aussi bien pour l'attaque que pour la défense.

De ce que, dans l'espèce, il y a des individus sans cornes, il ne s'ensuit pas que ces animaux soient plus doux que ceux qui sont pourvus de cornes frontales.

2° De tous les avantages qu'on s'est plu, assez généralement, à reconnaître aux animaux sans cornes de l'espèce bovine, un seul est réel.

Cet avantage est que les bœufs sans cornes ne peuvent pas faire de blessures pénétrantes.

3° Les raisons économiques qu'on a fait valoir, pour déterminer les éleveurs à supprimer les cornes frontales, n'ont pas l'importance qu'on leur a accordée.

4° La suppression des cornes frontales aurait deux inconvénients, dans les pays où l'on fait travailler les bœufs :

(*a*) D'abord, parce qu'elle occasionnerait des dépenses pour l'acquisition et l'entretien des harnais ;

(*b*) Ensuite, parce que les animaux, étant plus libres par l'attelage au collier, ne pourraient être maîtrisés aussi facilement, lorsqu'ils sont d'un caractère difficile, que lorsqu'ils sont attelés au joug.

5° Que si, à l'exemple de M. Dossche, de Tronchiennes (Belgique), on voulait faire valoir une raison de philanthropie, nous dirions que la méchanceté n'est pas un fait tellement général qu'on doive agir, dans ce but, sur l'espèce bovine tout entière.

« *Son beau-père ayant été tué d'un coup de corne de taureau, M. Dossche (de Tronchiennes) veut, autant qu'il est en lui, prévenir de semblables malheurs* (1). Le rédacteur du *Moniteur belge* ajoute : « Ces paroles de piété filiale, de « sentiment humanitaire écrasent de bien haut les récla- « mations des gens qui voudraient la conservation des « cornes, sous prétexte que c'est un ornement. »

Nous comprenons la piété filiale et le sentiment humanitaire, mais nous ne nous sentons pas écrasé par les paroles de M. Dossche : elles nous rappellent une fable de La Fontaine : *Les Oreilles du lièvre.* (Livre V, fable IV.)

6° Malgré tout ce qui a été fait jusqu'à présent pour propager en France les animaux sans cornes de l'espèce bovine, ils sont fort peu répandus, et nous croyons qu'ils ne se répandront pas davantage.

Les éleveurs, en cette circonstance comme en beaucoup d'autres, font preuve de bon sens, et montrent qu'ils comprennent leurs véritables intérêts.

---

(1) Nouvelle fête de bienfaisance et propagation des races bovines désarmées ou sans cornes. (Extraits du *Moniteur belge*, journal officiel, 21 et 22 avril, 3 mai et 4 juin 1862.)

RÉSUMÉ BIBLIOGRAPHIQUE

ET

TABLE ALPHABÉTIQUE

DES AUTEURS CITÉS DANS CE TRAVAIL.

1. ÆLIEN. — *De animalium naturâ.* Edition de Conrad Gesner, 1611. Voir liv. II, chap. XX.

2. ARISTOTE. — *Histoire naturelle des animaux.* Traduction de Camus. Paris, 1783. Tome Ier, liv. III, pag. 141.

3. BARRAL et DUTRÔNE. — *Race bovine sans cornes des Sarlabots.* (*Journal d'agriculture pratique,* numéro du 5 mars 1862.)

4. BAUDEMENT. — *Connaissance générale du bœuf.* Ouvrage publié par MM. Moll et Gayot. Paris, 1860.

4 *bis.* BAUDEMENT. — *Compte rendu des opérations du concours et du rendement des animaux primés,* publié par ordre de Son Excellence le ministre de l'agriculture, du commerce et des travaux publics. 1857. Voir pag. 277.

5. BOURGUIN. — *Race bovine sans cornes.* Rapport extrait du *Bulletin de la Société protectrice des animaux,* séance solennelle du 5 juin 1865.

6. BOUSSINGAULT. — *Économie rurale.* 2e édition. Paris, 1851. Voir tome II.

7. CHAUMONTEL (DE). — *Correspondance sur la conservation et l'amélioration des animaux domestiques,* par Fro-

mage de Feugré. Paris, **1810**. Voir tome II, pag. **111**, sur les vaches et les taureaux sans cornes.

8. Cline (Henry). — *Traité sur la forme des animaux*, inséré dans l'ouvrage intitulé : *De la Race bovine courte-corne améliorée, dite race de Durham*, par M. Lefèvre Sainte-Marie. Paris, **1849**. Voir pag. **328**.

9. Duméril (Auguste). — Voir Rapport inscrit sous le n° **32**.

10. David Low. — *Histoire naturelle agricole des animaux domestiques de l'Europe*. Traduit de l'anglais. Paris, **1844**.

11. Extrait du *Courrier de l'Europe*. — Congrès international de bienfaisance, session de Londres, **1862**. — Propagation des races bovines désarmées et concours universel d'animaux reproducteurs à Londres, **1862**. — Les races à cornes et les races désarmées. (Brochure.)

12. Extrait du *Moniteur belge*, **10** octobre **1863**. — Association internationale pour les progrès des sciences sociales. — Congrès d'Amsterdam, **1864**. (Brochure.)

13. Gilbert. — Rapport fait à l'assemblée des trois classes de l'Institut national, au nom de celle des sciences physiques et mathématiques, relativement à un établissement d'économie rurale à (**5** nivôse an VI).

14. Goubaux (Armand). — Études sur les animaux de boucherie. Troisième mémoire. — Recherches sur le rendement en viande nette des animaux de l'espèce ovine. (Travail couronné par la Société impériale et centrale d'agriculture de France, en **1857**.)

15. Grognier. — *Précis d'un cours de multiplication des animaux domestiques*. Paris, **1834**. Voir pag. **76**.

16. Hérodote. — *Histoire d'Hérodote*. (Traduction nouvelle avec une introduction par G. Giguet. Paris, **1860**. Voir livre IV, § XXIX, pag. **228**.)

17. HIPPOCRATE. — *De aere, locis et aquis*. Edition Foësii. Vol. I, pag. 291.

18. HOMÈRE. — *Odyssée*, chant IV, vers 65.

19. *Illustration*, numéro de ce journal du 7 mars 1857, pag. 150.

20. *Journal d'agriculture pratique*, 1857, 4e série, tome VII, pag. 315; — 1858, tome II, pag. 48; — 1859, tome II, pag. 58; — 1861, tome Ier, pag. 506; — 1862, tome Ier, numéro de mars.

21. LOW (David), déjà cité. Voir n° 10.

22. LEBLANC (U.). — Rapport sur Sarlabot Ier. Voir plus bas, n° 31.

23. MAGNE. — *Hygiène vétérinaire appliquée*. Paris, 1857. Tome II, pag. 182.

23 *bis*. MAGNE. — Rapport sur Sarlabot, etc. Brochure extraite du *Bulletin de la Société protectrice des animaux*. Année 1857.

24. *Moniteur des comices*. Année 1857, pag. 289.

25. MONTCALM (Marquis DE). — Notice sur un taureau et une génisse sans cornes de la race cotentine sans cornes, dite Sarlabot. (Extrait du *Bulletin de la Société protectrice des animaux*. 1861.)

26. Nouvelle fête de bienfaisance et propagation des races bovines désarmées ou sans cornes. (Brochure extraite du *Moniteur belge*, journal officiel, 21 et 22 avril, 3 mai et 4 juin 1862.)

27. NUMAN. — *Considérations anatomico-physiologiques sur les cornes frontales de l'espèce bovine*. Traduction française par Verheyen. Voir Bibliothèque vétérinaire, publiée par le *Recueil de médecine vétérinaire* (1849-1852), pag. 74.

28. PARMENTIER. — *Nouveau cours complet d'agriculture*, publié par les membres de la section d'agriculture de l'Institut. Paris, 1809. Voir article Vache, pag. 277.

29. Pelouze et Frémy. — *Traité de chimie générale, analytique, industrielle et agricole.* Paris, 1865.

30. Pline. — *Histoire naturelle des animaux.* Traduction de P. C. B. Guéroult, 1802. Tome Ier, pag. 403.

31. Rapport sur Sarlabot 1er, de la race cotentine sans cornes créée par M. Dutrône. Extrait du *Bulletin de la Société impériale d'acclimatation*, numéro de juin 1858.

32. Rapport sur un taureau et une génisse de la race cotentine sans cornes, dite Sarlabot, par M. Auguste Duméril. (Extrait du *Bulletin de la Société impériale d'acclimatation.*) (Novembre 1860.)

33. *Société protectrice des animaux*, numéro de mai 1857, pag. 10 et 17.

34. Tessier. — *Nouveau cours complet d'agriculture*, cité déjà n° 28. Voir article Bœuf. Tome II, pag. 351.

35 Verheyen. — *Bulletin de la Société protectrice des animaux.* 1864. Voir pag. 140 et 141.

TABLE DES MATIÈRES.

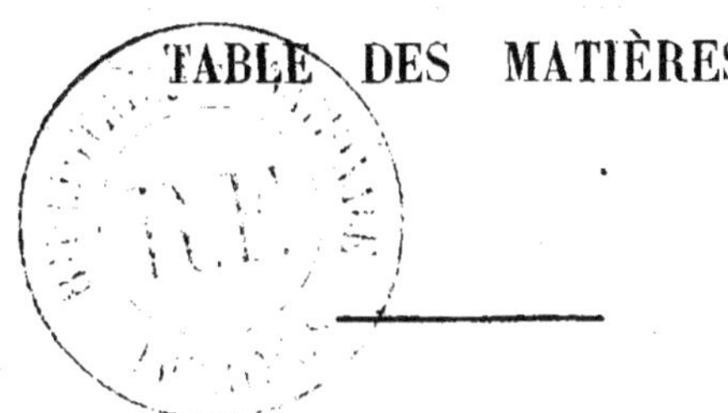

FIN DE LA TABLE DES MATIÈRES.

Paris. — Imprimerie de madame veuve Bouchard-Huzard, rue de l'Éperon, 5.

www.ingramcontent.com/pod-product-compliance
Lightning Source LLC
LaVergne TN
LVHW020040170826
845678LV00001B/345
9782329695525